にっぽん
味噌蔵
めぐり

実践料理研究家・みそ探訪家
岩木みさき
MISAKI IWAKI

かもめの本棚

はじめに

「もっと日本の食について知りたい」
「料理家として、自分の扱う食材や調味料のことをもっとちゃんと知りたい」
――そんな思いを持ったとき、たどり着いたのが〝味噌〟でした。

私が味噌蔵めぐりを始めたのは今から8年前の2016年春。10代のころに抱いた夢を叶えて料理の道へと進み、レシピの考案や撮影、料理教室などの仕事に邁進していたころのことです。とはいえ当時の私は味噌については全くの初心者。味噌の原料が大豆・麹・塩の3つであること、味噌の種類や味は地域によってバラエティーに富んでいることなど、味噌に対する知識は本当にゼロからのスタートでした。

それでも好奇心が強くて負けず嫌いの私は、「思ったよりもたくさんの種類があって面白そう。何が違うのか知りたい！」「時間もお金もかかるけれど、頑張ってどうにかすればいい！」という探求心を原動力に、1カ所ずつ直接連絡を取って全国の味噌蔵をめぐり始めました。それから丸8年。これまで足を運んだ味噌蔵は全国100蔵以上にもなります。

本書では、これまでの味噌蔵めぐりを通じて出会った造り手に焦点を当て、その出会いや心に残るエピソードを綴りました。いずれの方々も、日本の和食に欠かせない味噌を大切に造り続けている、優しくて熱い思いを持った人たちばかりです。味噌の魅力を伝えるために新しいことに取り組んでいる方、伝統の製法を大切に受け継いでいる方、これからの時代を築いていくたくさんの〝若〟たち……。

自分の口に入るものが、どこで、誰が、どのような気持ちで、どのように作っているのかを知ることで、食の楽しみは何倍にも何十倍にも増えるはずです。私自身も、味噌蔵に自ら足を運んだことで個性豊かな味噌の世界を知り、和食に限らず洋食、中華、エスニック、さらにはデザートまで、その可能性は無限大であることに気づきました。この本を通して皆さんにも、味噌の魅力を再発見してもらえることを心から願っています。

CONTENTS

目次

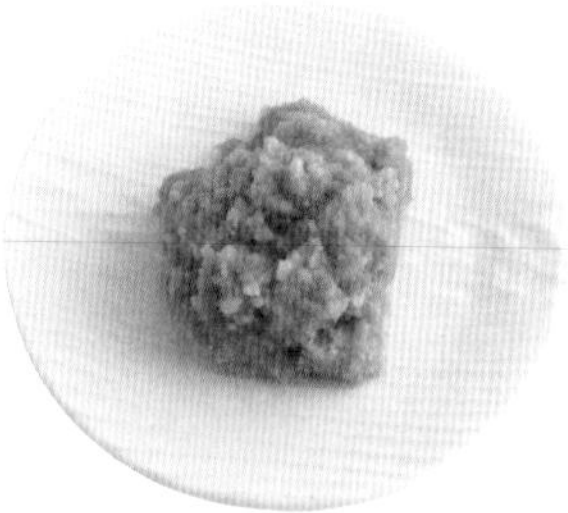

関東　042

甲信越・北陸　068

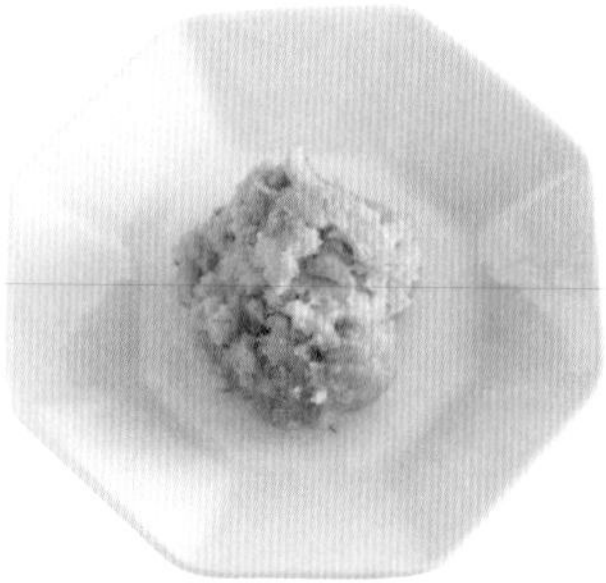

※各蔵で造られている多彩な味噌の中から、著者が特におすすめしたい味噌を選んで紹介しています。本書で紹介したもの以外にも、それぞれの蔵では多彩な味噌を造っています。詳しくは各蔵のホームページをご覧ください。
※おすすめ味噌の甘辛チャートは、各商品の麹歩合（麹の割合）と塩分の配合を見ながら著者が実際に味わったうえでの主観に基づいたものです。
※株式会社など「会社の種類」は割愛して掲載しています。
※価格は税込みで表記しています。
※価格や連絡先などのデータは2024年３月現在の情報です。

味噌の分類

味噌の原料は  ＋ ＋  の３つ

大豆　麹　塩

① 麹の種類によって味噌の種類が違います。

大豆を分解し発酵を進める麹は、必須の原料。味噌造りでは主に３種の麹が使われます。

米麹を使う

米味噌

国内で生産されている味噌の約８割を占める。熟成期間は色や味により約１週間～1年。白味噌（西京味噌）も米味噌の一種。

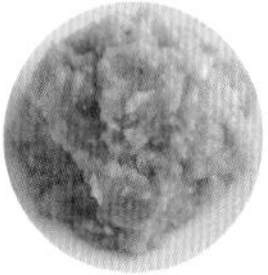

豆麹を使う

豆味噌

東海地方、主に愛知県、三重県、岐阜県を中心に生産されている。熟成期間は１～３年。色が濃く、コクのある深い味わい。

麦麹を使う

麦味噌

九州地方や瀬戸内、四国などを中心に生産されている。熟成期間は約2～4カ月。麹歩合が高く、塩分量は比較的少なめ。甘さや麦の香りを感じる味わい。

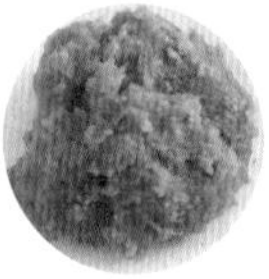

合わせ味噌

種類の違う種麹を合わせて仕込んだ味噌。または完成後に複数の味噌を合わせた味噌。

② 味（塩味の強さ）によって３つに分かれます。

甘味、塩味、うま味、酸味、苦味、渋味などが複雑に絡み合って、味噌の味が構成されます。塩の量が多いと辛口になり、麹の量が多いと甘口になります。原料の大豆に対して使用する麹の割合を「麹歩合」と言います。例えば1kgの乾燥大豆に対して1kgの米麹を使った味噌は「10割麹」、1.2kgの米麹を使うと「12割麹」となります。塩分が同じなら麹歩合が高いほうが甘口になります。味の違いによって、一般的には「甘味噌・甘口味噌・辛口味噌」の３種類に分類されていますが、私はもう少しわかりやすいように「甘口・中辛・辛口」と紹介しています。

100gあたりの食塩相当量

約5～7g	約7～11g	約11～13g
甘口	**中辛**	**辛口**

③ 色の違い（見た目）でも分類できます。

一般的には「白色、淡色、赤色」の３つに分類されていますが、私はよりわかりやすいように、「白色、淡色、黄色、赤色、茶色、焦茶色」の６つに分類して紹介しています。色の変化は、大豆や麹に含まれているたんぱく質と糖が反応して起こるメイラード反応によるもので、発酵や熟成の期間が短いと薄く、長いと濃くなっていきます。

熟成期間

約1週間～1カ月	約２～４カ月	約４カ月～１年	１年以上
白味噌	**麦味噌**	**米味噌**	**豆味噌**

白色　**淡色**　**黄色**　**赤色**　**茶色**　**焦茶色**

味噌の造り方

米味噌・麦味噌

大豆	麹	塩

米　または　麦

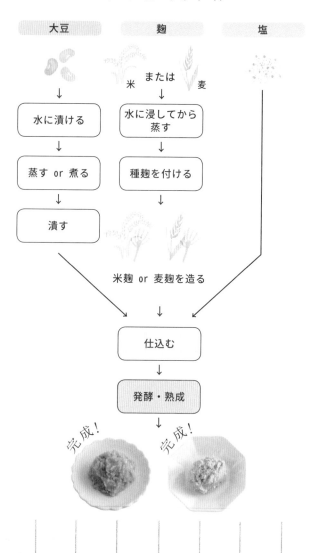

大豆 ↓ 水に漬ける ↓ 蒸す or 煮る ↓ 潰す

麹（米 または 麦）↓ 水に浸してから蒸す ↓ 種麹を付ける ↓

米麹 or 麦麹を造る

塩

↓

仕込む

↓

発酵・熟成

↓

完成！

完成！

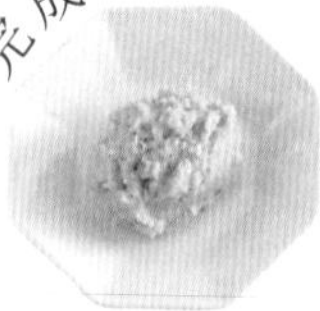

味噌の造り方

豆味噌

※豆麹も大豆から造られるため、原料は大豆と塩のみ。

大豆

塩

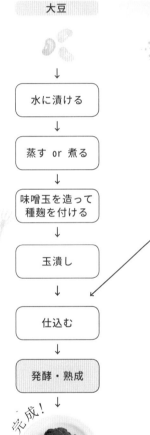

↓

水に漬ける

↓

蒸す or 煮る

↓

味噌玉を造って種麹を付ける

↓

玉潰し

↓（塩）

仕込む

↓

発酵・熟成

↓

完成！

※豆麹を別に造り、大豆と合わせる製法もあります

全国の味噌大集合

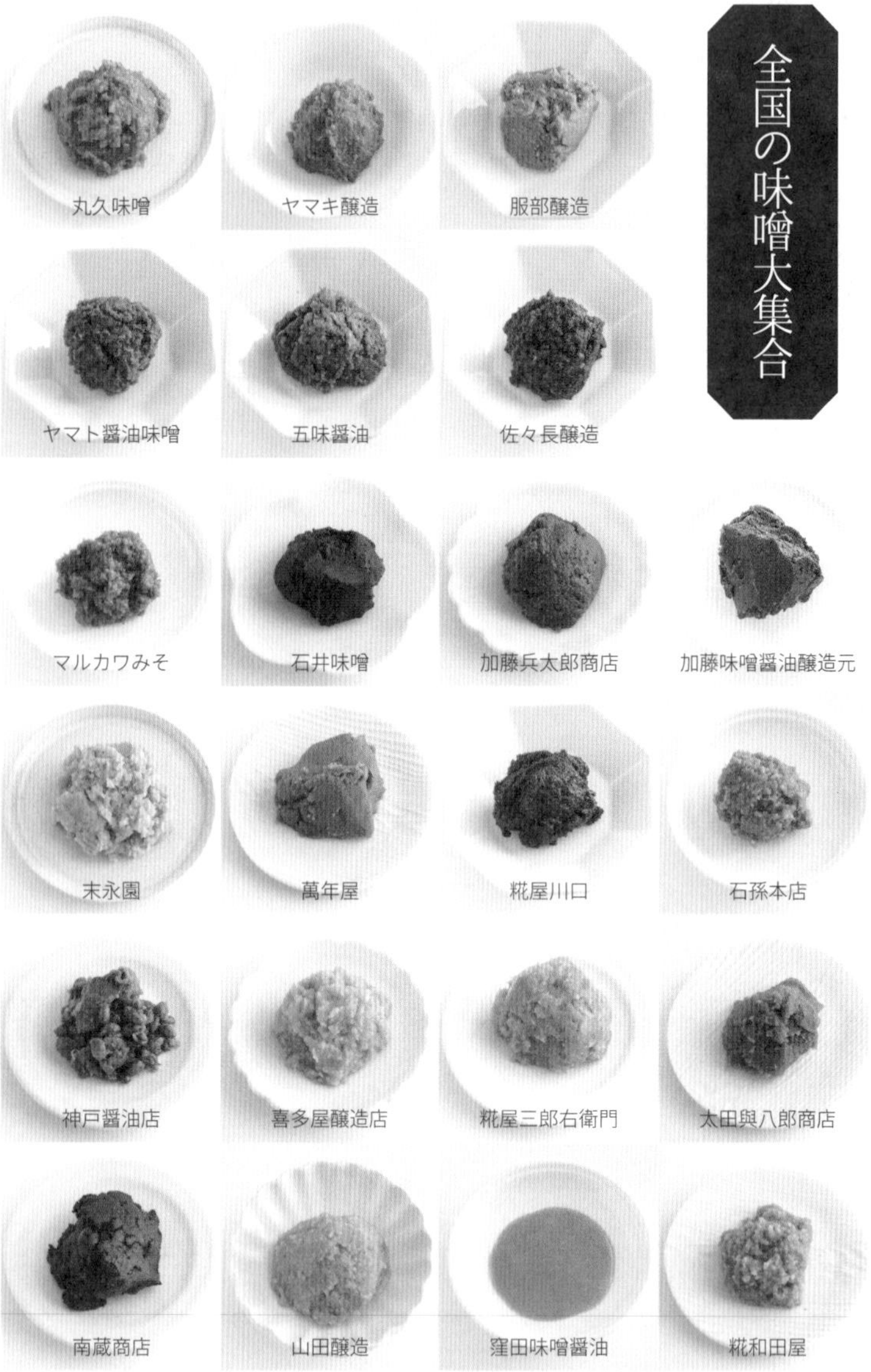
丸久味噌
ヤマキ醸造
服部醸造
ヤマト醤油味噌
五味醤油
佐々長醸造
マルカワみそ
石井味噌
加藤兵太郎商店
加藤味噌醤油醸造元
末永園
萬年屋
糀屋川口
石孫本店
神戸醤油店
喜多屋醸造店
糀屋三郎右衛門
太田與八郎商店
南蔵商店
山田醸造
窪田味噌醤油
糀和田屋

カニ醤油
井伊商店
足立醸造
中定商店
綾部味噌醸造元
井上味噌醤油
梅谷醸造元
佐藤醸造
麻生醤油醸造場
三浦醸造所
井上本店
芋慶
川添酢造
森製麹所
小西本店
伊勢藏
丸秀醤油
粟国村ソテツ味噌生産組合
塩谷糀味噌
東海醸造
ヤマエ食品工業
貝島商店
まるみ麹本店
片山商店

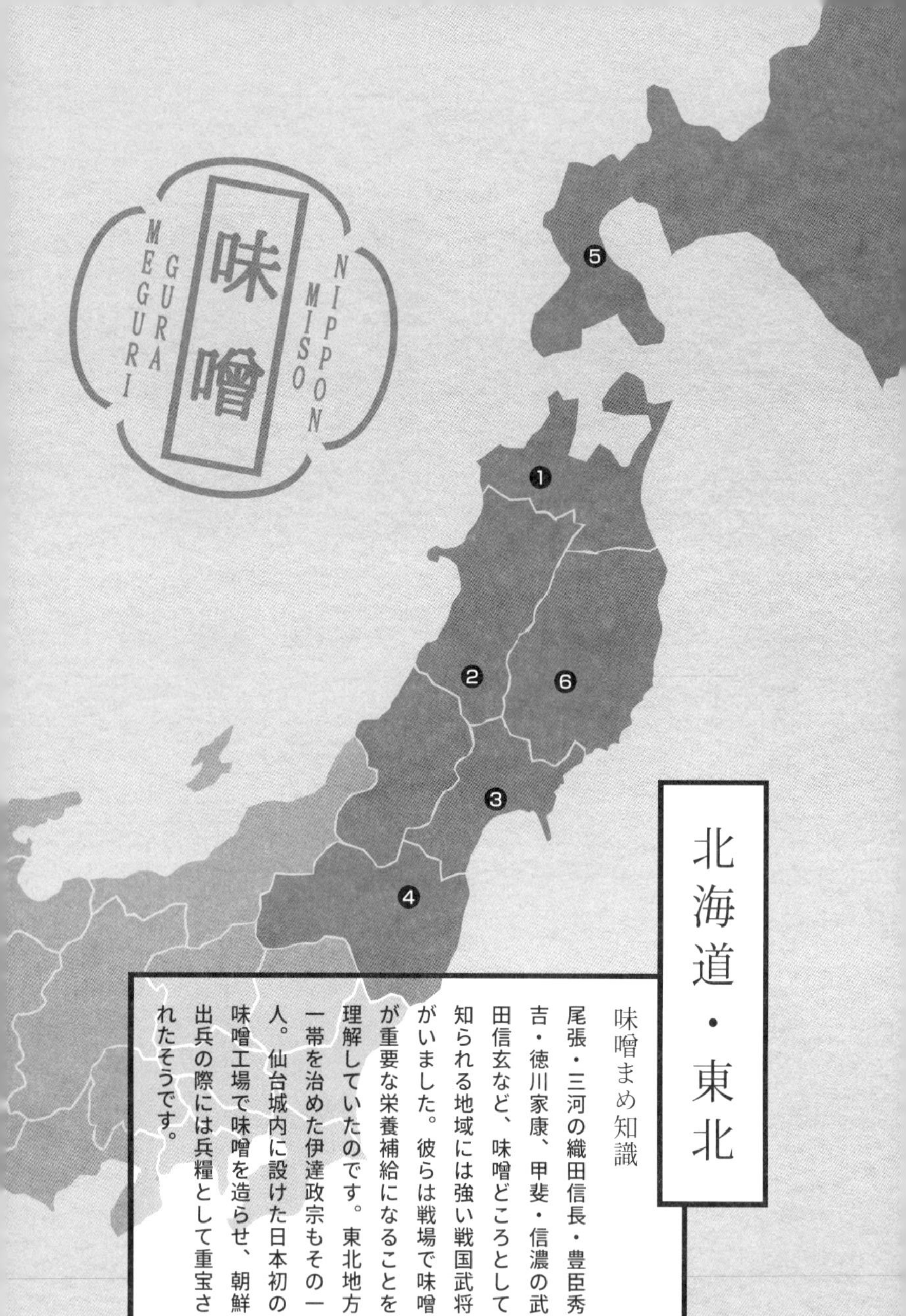

北海道・東北

味噌まめ知識

尾張・三河の織田信長・豊臣秀吉・徳川家康、甲斐・信濃の武田信玄など、味噌どころとして知られる地域には強い戦国武将がいました。彼らは戦場で味噌が重要な栄養補給になることを理解していたのです。東北地方一帯を治めた伊達政宗もその一人。仙台城内に設けた日本初の味噌工場で味噌を造らせ、朝鮮出兵の際には兵糧として重宝されたそうです。

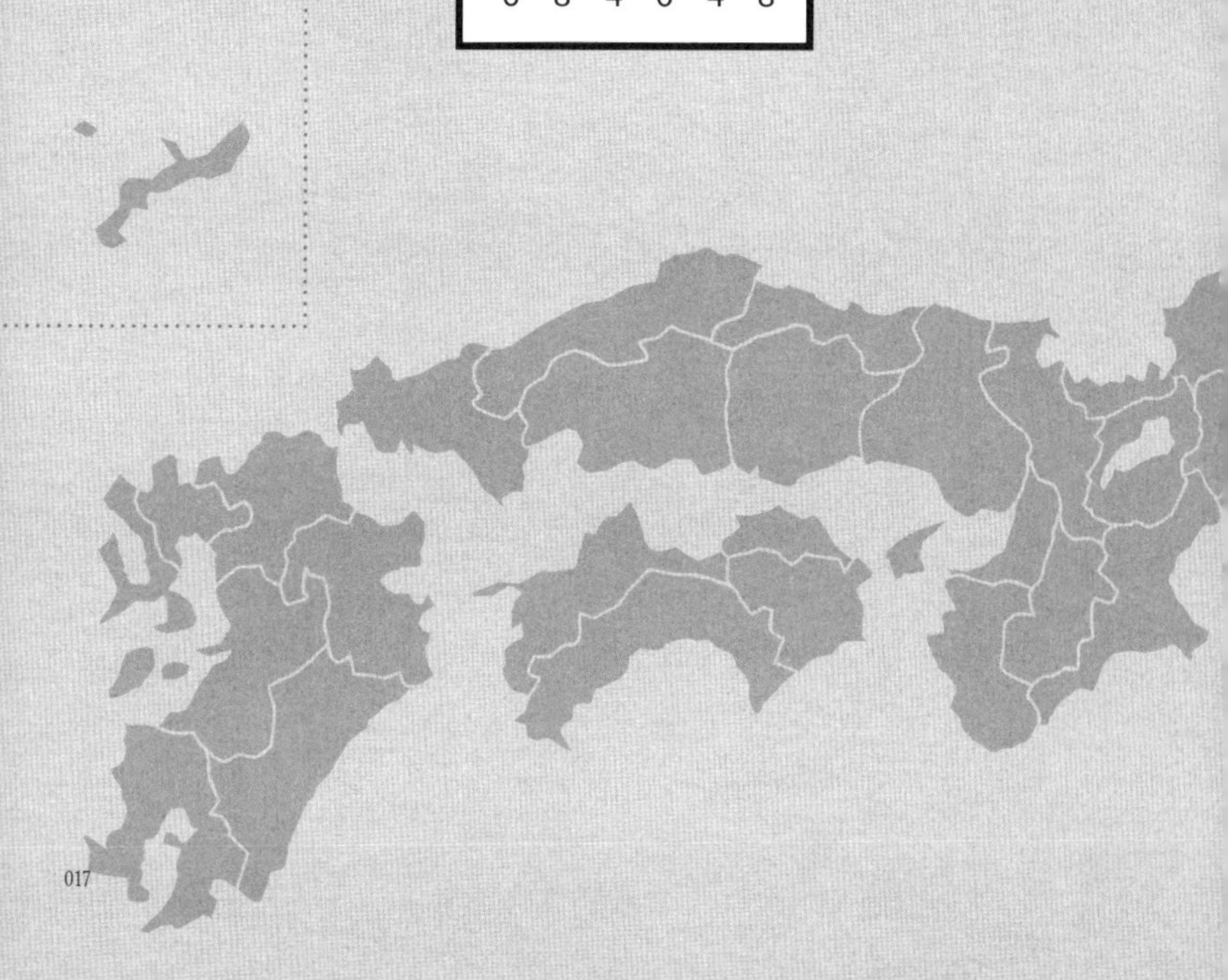

米味噌 MISO KOME

夫婦二人の思いが重なる絶妙な味

加藤味噌醤油醸造元（青森）

青森県弘前市にある加藤味噌醤油醸造元は明治4年（1871年）創業。当時のままの佇まいから歴史の趣を感じる、創業150年を超える老舗の味噌蔵です。もともとは米や大豆などを扱う雑穀卸業から始まり、その後、集まった大豆で味噌や醤油を製造、販売するようになった歴史があります。蔵の中には大型工場に設置されているような最新の機械などはなく、移動はすべて人力。道具はもちろん、蔵の梁や柱、木桶などの至るところに棲んでいるたくさんの菌たちに、熟成を手伝ってもらっているといいます。

訪問時に対応してくれたのは、5代目の加藤裕人《ひろと》さんと諭絵《さとえ》さん夫婦。諭絵さんが東京農業大学の醸造科学科に通っていたとき、他大学に通っていた裕人さんとアルバイト先で出会い、数年の遠距離恋愛を乗り越えて結婚。建設関連の会社で営業の仕事をしていた裕人さんは会社を辞め、諭絵さんの実家の蔵元を手伝うようになったそうです。諭絵さんのお父さんで現代表の4代目の元昭さんに代わって、現在はお二人が中心となって製造と経営を担っています。

冬に近い11月末のひんやりとした空気が建物全体に漂う中、ストーブをたいて私を出迎えてくれたお二人。温かいお茶を注ぎながら、「木桶の管理方法や味噌の仕込みに使う塩の種類など、教えてほしいことがたくさんあります。全国の味噌蔵の皆さんはどのようにやっているのですか？　すぐにまねできなくても、知識として知っておきたい、聞いておきたいのです」と、メモ帳を片手に言いました。訪問の約束をするために私が電話をした後、インターネットで私の活動内容を調べて待っていてくれたようです。

味噌についてはお二人のほうが詳しいはずなのに、年下の私に対してとても謙虚な姿勢で向き合っていただいたことに驚きました。そして、「私にできることがあるなら」と、木桶仕込みの味噌蔵をめぐっていることや、出会ってきた蔵元さんのこと、地域によって味噌の製造方法や味わいが異なることなどをお話しすると、「貴重な話をありがとうございます。なにより、私たちよりフレッシュな方が味噌について熱く語っていて、とてもうれしくなりました」とねぎらいの言葉をかけてくれたのです。

自分が学びたいと思い、好きでやってきた味噌蔵めぐりが誰かの役にも立つのだと、私もうれしくなったのでした。

加藤さん夫婦が造る「津軽味噌」は、青森県産大豆「おおすず」に自家製米「つがるロマン」を使用した木桶仕込み。室《むろ》で2日間製麹《せいきく》した後、塩を加えて蔵の中でゆっくりと熟成させます。

青森県津軽地方の郷土味噌である津軽味噌は、麹歩合（麹の割合）が低く塩分高め、3年の長期熟成を経るのが特徴の米味噌ですが、お二人の味噌を食べた第一印象は長期熟成とは思えない軽やかさ！　空気を含ませたこしあんのように柔らかく、うま味

味噌 醤油
加藤醸造元
株式会社
弘安商事

とキレがある味わいのバランスが絶妙です。長期熟成でしっかり濃い色味から、もっとどっしりした味わいなのかと思っていたので、すっきり軽やかな後味が想像と違って驚きました。

3年熟成させる味噌といえば、水分が少なめで硬い愛知県の八丁味噌が有名ですが、加藤さん夫婦が造る津軽味噌はふんわり柔らか。同じ3年熟成ですが、テクスチャー（質感）が真逆の味噌です。どちらも同じ濃い色合いの味噌ですが、実際に触れて、その味を確かめてみると、それぞれに違いがあることにあらためて気づかされました。

そして、夫婦で造る味噌は二人の思いが重

5代目の加藤裕人さん、諭絵さん夫婦

なってその絶妙な味わいを生んでいるのかな、とも思ったのでした。
青森では貝殻を鍋代わりにしてネギや焼き煮干しなどを味噌で煮込み、卵とじにする「貝焼き味噌」という郷土料理があります。このように、長期熟成の味噌には臭みを包み込むマスキング効果があるので、魚介料理におすすめです。

米味噌
MISO KOME

おすすめ味噌
津軽味噌　赤味噌
400g　400円

【種類】米味噌
【配合】7割麹、食塩相当量10.9g
【色】焦茶色（熟成期間3年）
【甘辛】甘 ┼─┼─┼─◆─┼ 辛

長期熟成の天然醸造で塩慣れしており、うま味とキレのバランスがいい味わい。長期熟成によりマスキング効果が高く、魚料理に使用すると魚の臭いを解消してくれます。ブリ大根や魚のあら汁、ほかには角煮にもおすすめ。ほんのりある酸味はお味噌汁にするとスッキリ味になります。

【おすすめ料理】
ブリ大根

加藤味噌醤油醸造元
青森県弘前市新寺町153
TEL：0172-32-0532
https://www.tsugaru-yamatou.com/
※見学不可（店頭販売のみ）

米味噌 KOME MISO

母と娘が紡ぐ萌え味噌

石孫本店（秋田）

味噌蔵めぐりを始める前は「蔵」と聞くと、真っすぐでこだわりが強い〝おやじさん〟がいるイメージだったのですが、そんなことはないと知ったのが秋田県湯沢市にある石孫本店にうかがったときのこと。青空の広がる7月、セミの鳴く声が聞こえる時期でした。出迎えてくれたのは、代表の石川裕子《ゆうこ》さん。女性が代表を務める味噌蔵は、このときが初めてでした。笑顔がすてきな石川さん。ゆっくりと柔らかい口調で蔵の中を案内してくれました。

安政2年（1855年）創業の石孫本店は初代の石川孫左エ門が醤油造りから始め、

2代目が味噌造りを確立した老舗の蔵。明治・大正時代に建てられた5つの土蔵は国の有形文化財になっています。現在も機械らしい機械はなく、昔ながらの設備で製造を続けているのが特徴で、商品はすべて無添加の天然醸造。蔵の中には、大豆を蒸し煮する鋳物の釜や米麹全量を賄う大量の麹蓋《こうじぶた》、１００年以上使い続けている木桶が並んでいます。

　この蔵で初めて見たのが「腰掛け」といって、味噌を掘った後、運搬するための容器を一度置いておく椅子のような形状のもの。高さ1・5メートル程度の味噌用の木桶にちょこんと引っかけてありました。酒は木桶の下部に口が付いていて液体を出すことができますが、味噌は木

桶の中に入ったり出たりの作業を繰り返して掘り出す必要があります。腰掛けはそれを手助けするためのものなのでしょう。「昔の人は木で何でも作ったのだなぁ」としみじみ。腰掛けがかかっていると、なんだか木桶がとても可愛く見えてきます。

蔵の見学を終えると、娘の果奈《かな》さんが味噌商品全8種類を並べ、試食をさせてくれました。甘味をしっかり感じられる「五号蔵」、塩分控えめで玄米のプチプチ食感を感じる「金の蔵」、2年以上寝かせた「黒味噌」はコクがありつつ、柔らかな食感と甘味がありとてもおいしかったなぁ……。

パッと見では似ているのだけど、それぞれをじっくり見ていくとちゃんと個性がある。それはまるでアイドルグループのようで、そんなイメージと甘味を感じる石孫さんの味噌たちを、私は「萌え味噌」と呼んでいます。

娘の果奈さんは大学卒業後から蔵を手伝うようになったそうですが、私が主催する木桶仕込みの味噌蔵の皆さんとの交流の場「ガチみそ蔵の会」には、毎回参加してくれています。情報交換をしたり、蔵見学へ行ったり、レストランでシェフに味噌料理を作ってもらったりという活動の一環で、岡山や香川の小豆島などにも一緒に行きました。専務として、代表を務める母の裕子さんやスタッフとともに日々伝統の味を伝えるために励んでいる果奈さん。そんな彼女からかけられた言葉で、今も私の心に残っている言葉があります。

それは、私に味噌加工品のCM出演依頼があったときのことです。

「自分が本当に伝えたいのは味噌の素晴らしさ。人為的に加工された味噌商品をPRすることではないので……」とお断りしてしまったのですが、実績のためにその仕事を受けて自分の認知度を高めたほうが、結果的には味噌全体の魅力を伝えることができたのか……。自分なりに考えて出した答えだったけれど、それで良かったのかという迷いもあり、今後の歩み方も含め、味噌蔵の皆さんに意見を聞いたことがありました。

そのとき、「岩木さんがやっていることはとても意味があると思います。その判断も間違っていないと思います。これからも真っすぐ突き進んでください」と、きっぱり言ってくれたのです。変わらぬ製法を守り、継承している強い芯を持つ果奈さんにそう言ってもらい、私はものすごく励まされたのでした。

おすすめ味噌

五号蔵

400g　795円

【種類】米味噌

【配合】20割麹、食塩相当量8.7g

【色】赤色（熟成期間8カ月〜1年）

【甘辛】甘 ─┼─◆─┼─┼─┼─ 辛

地元・秋田の湯沢産大豆と米を使用した木桶仕込みの天然醸造。女性らしい柔らかさとまろやかかさを感じる甘味のある味わいは、お子さまからお年寄りまで万人受けの味噌。そのままでも食べやすく、たれに使用すると野菜がたくさん食べられます。お味噌汁はほんのり苦味のある山菜やクレソンなどとも相性◎。

【おすすめ料理】

バンバンジー

石孫本店

秋田県湯沢市岩崎字岩崎162

TEL：0183-73-2901

https://ishimago.jp/

※見学可（要予約）

石孫本店は2020年に蔵を改装し、ガイド付きの蔵見学や「みそボール作り」、せんべい焼き体験なども展開しています。味噌以外にも、蔵人さんが仕事で愛用している帆前掛けで作る手縫いの「帆前掛けバッグ」もすてき。こういった商品は「石孫女子会」と呼ばれる女性スタッフの皆さんで考えているそうです。

左から、娘の果奈さん、母で代表の石川裕子さん、著者

米味噌
MISO KOME

港町の味噌蔵はマドレーヌの香り

太田與八郎商店（宮城）

２０２１年に市制80周年を迎えた宮城県塩竈市は、仙台駅から電車で約15分。日本三大船祭の一つで、全国有数の規模を誇る海の祭典「塩竈みなと祭」が開催される東北内でも有数の港町です。地元で「しおがまさま」と愛される鹽竈《しおがま》神社は江戸時代には伊達家の厚い崇敬を受けた格式高い神社で、祀られている三柱《みはしら》の神のうち、鹽土老翁神《シオツチノオジノカミ》は日本神話にも登場し、人々に塩造りを教えた神様と伝えられています。

そんな塩竈の地に、弘化２年（１８４５年）創業の太田與《よ》八郎《はちろう》商店があります。現代でいえばホテルや宿屋にあたる旅籠《はたご》屋《や》を営んでいましたが、４代目の時代に味噌醤油の醸造業も始めました。創業時に作られたシンボルマークの「イゲタヨ印」は、「良い仕込み水に恵まれ、品質の向上が図られること」を願い、代々襲名される「與八郎」の1字を井桁《いげた》の中央に取り入れたものです。

現在、蔵を切り盛りしている太田真さんは、宮城県で味噌と醤油を造る蔵元の若手グループ「若手味噌醤油仲間」の一員として、塩竈市との連携やSNS発信などに積極的に取り組まれている、とても熱い心意気と行動力がある方です。

訪れたときに印象に残ったのが、味噌蔵の香りです。私はそれまで出会ってきた香り高い味噌を表現する際、リンゴやバナナといったフルーツを代名詞にしてきたのですが、それらの香りとは異なり、ダークラムやブランデーのよ

うな、はたまたナッツのリキュールやバターを思わせる香りだったのです。

味噌の表現をするときにワインのソムリエさんのような表現ができたら良いなと思ったのと、味噌と同じようにワインやウイスキーにも「熟成」が必要なことから、何らかの共通点があるような気がして、スピリッツ（蒸留酒）を何百種も試飲し学んでいた時期が2年間ほどあるのですが、まさにこの経験が生きました。

蔵全体が熟成の進んだラムのように、温度変化とともにだんだん香りが開いていくようで、「この場にずっといられる！」とワクワクしている私に、「この瞬間の香りを、お客さまにも感じてほしいなと思うことがあります。まさにマドレーヌのような香りなんです」と説明してくれた太田さん。そうです！　まさにマドレーヌ‼　マドレーヌにはバターも洋酒も使われているので、ぴったりな表現だと思いました。

とはいえ、蔵見学の後に試食させてもらった味噌は辛口でキレとうま味がある、港町の潮風とお似合いの味噌。蔵の中で感じたような甘い香りはしません。あのマドレーヌの香りは蔵の中だけで感じられるもの。蔵の中に棲み着く酵母や道具類が醸し出す、現場に足を運ばなければ気づくことができなかった香りでした。

この経験は、味噌蔵めぐりを続ける私にとって、「自分の足で現場を訪れること」の大切さを再認識できて大きな励みになったとともに、味噌の香りは焼き菓子でも表現できるのだと、新しい扉が開いた瞬間でもありました。

太田真さんと著者

米味噌
KOME MISO

おすすめ味噌
銘醸 蔵一番
500g　800円

【種類】米味噌
【配合】8割麹、食塩相当量12g
【色】赤色（熟成期間6ヵ月～1年）
【甘辛】甘 ┼─┼─┼─┼─◆ 辛

昔ながらのすっきり辛口の味噌。まるで貝のエキスが入っているかのようなうまさがあり、お湯に溶いたときに立ち上がる香りが最高です。お味噌汁は素材からもうま味が出る魚介類との相性抜群！特にアサリ汁は絶品。宮城県名産の笹かまぼこを入れてもおいしいです。

【おすすめ料理】
中華丼

太田與八郎商店
宮城県塩竈市宮町2-42
TEL：022-362-0035
https://oota-yohachiro.com/
※見学可（体験予約をした人のみ。詳しくはホームページを参照）

米味噌
KOME MISO

こだわりの糀は職人の手作業で

糀和田屋（福島）

仕事関係のパーティーに参加したときに出会ったのが、ＪＲ東北本線・郡山駅の３駅隣、福島県本宮市にある糀《こうじ》和田屋の10代目、三瓶正人《さんぺいまさと》さんでした。「若い女性が味噌のことをやっているなんて新鮮！」と私に興味を持ち、話しかけてくれたのです。糀和田屋は江戸時代の明和８年（１７７１年）創業。祖先は京都から福島に渡り、地元農家が生産した米や麦、雑穀などを貯蔵する「蔵屋」を営んでいました。そこで築き上げた生産者との深いつながりから、やがて地元の農産物を味噌などの発酵食品へと加工する仕事を担うようになったそうです。

創業当初からこだわっているのが、「発酵食品に欠かせない糀は職人の手作業で造る」ということ。味噌や醤油を熟成させるのは代々受け継がれてきた木桶です。昔は建物の入り口の広さで税金が決められたため、奥州街道に面して木造、軽量鉄骨、鉄筋コンクリートと増築されてきた蔵は、奥へ奥へと細長くなっています。

三瓶さんは4兄弟の長男。子どものころから体が大きく、よく配達の手伝いをしていたそうです。大学卒業後は経営コンサルタント会社に就職しましたが、自分が蔵を継ぐのだろうと自然に感じ、25歳で会社を辞めて家業へ。醸造について専門的に学ん

でこなかった分、自分で覚えなければという意識が強くあったため、積極的に質問しながら父親である先代の作業について回り、組合や県の技術センターの人にも頻繁に話を聞いて学びを深めていったといいます。

先代は少々短気なところもあったそうですが、「親子で作業ができる時間は貴重だから、一緒にやっていこう」と言ってもらったことは、今でも心に残っていると教えてくれました。現在は、学生時代にスペイン留学の経験がある弟の史高《ふみたか》さんが工場長を担い、兄弟で蔵を守りながら輸出にも挑戦しています。

地元農家からの依頼で年間約２００件の味噌造りも代行しているそうで、私が訪れたときに

10代目の三瓶正人さんと著者

は、たくさんの農家さんから届いた原料がずらりと並んでいました。原料の袋ごとに番号を付けるだけでなく、大豆の色などの特徴もできるだけノートに記録し、ほかの農家さんのものと混ざらないように管理しているそうです。

「信頼でやっているから、間違えないようにとても気をつけて作業しています。おいしい味噌ができるのを、皆さん楽しみにしていますからね。昔からそうだけど、人と人とのつながりは大事ですよ」と話す三瓶さんの姿を見て、「仕事は信頼だな」としみじみ感じました。

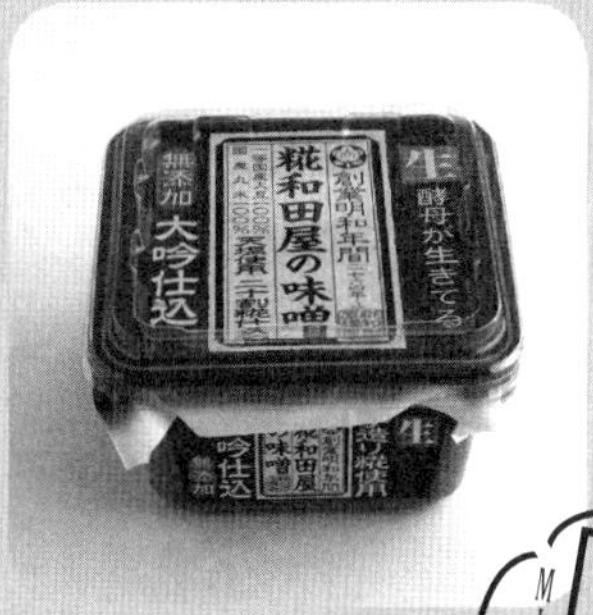

米味噌
KOME MISO

おすすめ味噌

大吟仕込

250g　496円

【種類】米味噌

【配合】20割麹、食塩相当量9.9g

【色】黄色（熟成期間6カ月）

【甘辛】甘 ┼─┼─◆─┼─┼ 辛

原材料と配合にこだわった木桶仕込みの味噌3種類のうちの1つ。後味にカシューナッツを思わせる甘味とコクがあります。ほど良い塩味はありつつ麹歩合（麹の割合）が高いので、味付けに味噌を加えるだけで味がまとまりやすく、味噌料理を試してみたいなという方には特におすすめです。

【おすすめ料理】

カシューナッツの中華炒め

糀和田屋

福島県本宮市本宮字上町22

TEL：0243-34-2140

http://www.koujiwadaya.co.jp/

※見学不可

米味噌
MISO KOME

祖先とのつながりを感じる北の蔵

服部醸造（北海道）

北海道南西部に位置する二海《ふたみ》郡八雲町は日本で唯一、日本海と太平洋――2つの海に面した市町村です。尾張藩の旧臣によって開拓された自然豊かなこの町に蔵を構える服部醸造は、昭和2年（1927年）創業。祖先が尾張藩の家臣だったことが縁となり、藩主である徳川家所有の商標「㊇（マルハチ）」の使用が許されたそうです。マルハチの印は武家・源氏の守護神である向かい鳩の姿を表しているのですが、実は尾張徳川家の城下町として栄えた現在の愛知県名古屋市の市章と同じです。工場の外観をよく見ると確かに鳩の姿が……。北の大地と徳川家との縁を感じずにはいられませんでした。

北海道産の大豆と米にこだわって味噌造りを続けている服部醸造ですが、最近特に力を入れているのが味噌を使った加工品です。秋鮭ハラスの味噌漬け、ちゃんちゃん焼きのたれなど、北海道ならではの味を自宅で手軽に味わえます。「味噌に親しみを持ってくれる人をもっとたくさん増やしたくて、忙しい現代人に合わせてすぐに調理できる商品を作っているんです」と話すのは5代目の服部由美子さん。娘さんの宮﨑真弥さんと二人三脚で、新商品の開発や営業、宣伝に力を入れています。母と娘が力を合わせてどのような新商品を世に送り出すのか、これからも目が離せません。

米味噌
MISO KOME

おすすめ味噌

北海道みそ【舞】

750g　1404円

【種類】米味噌
【配合】10割麹、食塩相当量12.5g
【色】黄色（熟成期間6カ月）
【甘辛】甘 ┼─┼─┼─◆─┼ 辛

創業80周年記念で造られた「舞」は、北海道産大豆と北海道産米を使用。尾張徳川家にも献上されたふくよかな風味を生かした辛口の味噌は、石狩鍋、ちゃんちゃん焼きなど鮭を使用した料理と特に合います。北海道の郷土料理をぜひ試してみてください。

【おすすめ料理】
鮭のバターホイル焼き

服部醸造

北海道二海郡八雲町東雲町27
TEL：0137-62-2108
https://maru-8.net/
※事前問い合わせで見学可の場合あり

米味噌
MISO KOME

クラシック音楽で深みを生み出す

佐々長醸造（岩手）

おいしい味噌を造るには、原材料の選び方や麹の完成度など各蔵によってこだわりはさまざまですが、「クラシック音楽を聴かせて育てる」――そんなユーモアある方法を取り入れている蔵があります。明治39年（1906年）創業、岩手県花巻市にある佐々長《ささちょう》醸造は、20年ほど前から作曲家ベートーベンの「交響曲第6番 田園」を聴かせて味噌造りをしています。クラシック音楽は脳を適度に刺激し、心を落ち着かせるセロトニンなどの神経伝達物質の分泌を促すといわれていますが、それを微生物たちに聴かせることで味噌の味と香りに深みを生むのだそうです。

蔵は天井が高く、柔らかな照明がまるで音楽ホールにいるようでとてもリラックスできる雰囲気。ここで育まれる味噌だけでなく、人もまた穏やかな気持ちになれます。
仕込み水には、早池峰山《はやちねさん》の雪解け水が地下に浸透し、長い歳月をかけてろ過された早池峰霊水を使用。マグネシウム含有量が多いこの水も、発酵を促してくれる大切な原料です。現場で話を聞くと、「この場所だから造れる味なんだ」とあらためて実感します。仕込みに使用するのは秋田杉で作られた高さ約2メートルの木桶で、その数50本以上。腰の高さほどの台に1本ずつ載せてあり、4代目の佐々木洋平さんがとても優しいまなざしで木桶に接しているのが印象的でした。

米味噌 MISO KOME

おすすめ味噌

クラシック音楽発酵
田園

500g　1674円

【種類】米味噌
【配合】10割麹、食塩相当量11.8g
【色】茶色（熟成期間2年）
【甘辛】甘 ─┼─┼─┼─◆─┼─ 辛

洗練されたすっきりした味わいの味噌は、淡白な豆腐と相性良く、シンプルなおかずもワンランクアップしてくれます。私がこの味噌を使って最初に作ったのが、焼きネギのお味噌汁。ネギの風味やおいしさを引き立ててくれる印象が強く心に残っています。

【おすすめ料理】
焼きネギたっぷり肉豆腐

佐々長醸造

岩手県花巻市東和町土沢5-417
TEL：0198-42-2311
https://www.sasachou.co.jp/
※見学可（要電話予約）

味噌

MEGURI GURA

NIPPON MISO

関東

味噌まめ知識

どぜう（どじょう）汁、味噌田楽などに欠かせない味噌として江戸・東京の庶民に愛されてきたのが、赤色甘口の江戸甘味噌です。しかし、通常の倍以上の米麹を使うために第二次世界大戦中は贅沢品として製造禁止に。長らく途絶えていましたが、近年ようやく再生産されるようになりました。現在、関東地方で造られる味噌の主流は中辛口の米味噌です。

米味噌
MISO KOME

伝統に新しい風を吹き込む

加藤兵太郎商店（神奈川）

「パッケージがおしゃれな味噌は？」と聞かれて真っ先に思い浮かべるのが、神奈川県小田原市にある嘉永３年（１８５０年）創業の加藤兵太郎商店です。地元・神奈川県産の原料だけを使用したこだわりの「神奈川ブレンド」は、まるでコーヒー豆のような洗練されたパッケージでプレゼントにもぴったり。

この味噌を手がけた7代目の加藤篤さんは、30歳で家業を継ぐまではシステムエンジニアで、デザインや広告マーケティングとは無縁の世界で働いていました。しかし、味噌蔵を継ぐと決める前からやりたいと思っていたことの一つが、味噌のパッケージデザインをかっこいいものに変更することだったそうです。

神奈川ブレンド
300g ¥864（税込）
CRAFT MISO
KANAGAWA
純米酢
生しぼり
しょうゆ
白みそ
合わせ
赤みそ
梅みそ
金山寺みそ

「たくさんのこだわりが詰まった味噌でも、パッケージに特徴を出さないとその他大勢の味噌と同じに見られてしまう。差別化するためには、うちの味噌が業界内でどこに位置するのかを俯瞰してみることが大事。うちの味噌は何が強みで、何が求められているのかを把握することがブランディングだ」と考えた加藤さん。

　実は、従業員さんからは昔ながらのパッケージデザインは変えないほうが良いという意見も多くあったそうですが、その声を押し切って自分の意思を貫いたそうです。

　デザイナーさんと話し合いを重ねる中でじっくり考え、1年という時間をかけて誕生したのが、「毎回買いたくなる親しみやすさ」という視

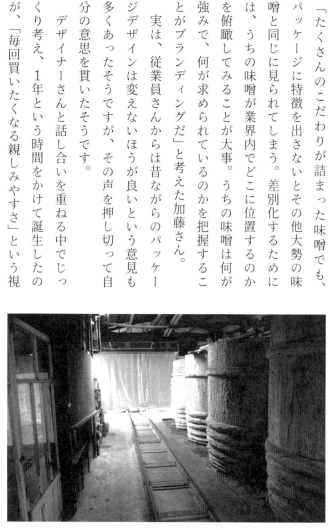

点を大事にしつつも、モダンでおしゃれな雰囲気を醸し出す現在のパッケージデザインでした。そこには、「伝統を守って受け継いでいくことはもちろん大事だけれど、時代に合わせて新しい風を取り入れることも必要」という思いが強くあったそうです。

加藤兵太郎商店では「いいちみそ」というブランド名で味噌を造り続けていますが、これは、2代目ヤス（長女）の夫である三吉が修業先で「いいち」の称号をいただいたのが始まりと伝えられています。でも、なぜ「いいち」と言うのか？ その名の由来は正確にはわかっていないそうで、「井桁《いげた》の中に一と書いて『いいち』と呼んでいるので、もしかしたら修業先が井桁を使った屋号だった？」「小田原には井戸がたくさんあったから？」など諸説あるそうです。

厳選した国産原料と箱根山系の地下水で仕込み、90年以上も前から使い続けている木桶で熟成させる味噌は現在、冒頭の神奈川ブレンドを含めて全部で8種類。蔵を代表する「白みそ」は、塩味のしっかりした中辛口です。大きな木桶がいくつも並ぶ蔵内には、5代目の加藤栄造さんが木桶の運搬に導入した鉄道用のレールが敷かれているなど、効率の良い製造工程のためのこだわりと工夫が詰まっています。

それでも、築90年以上の蔵の老朽化には7代目として頭を悩ませることが数多いようで、「古い蔵をそのまま残したほうが良いという人もいるけれど、僕自身はそうだとは簡単には言えません。安全面や衛生面などを考えると、いつかは大規模修繕もしくは移転をしないと継続できないでしょう。でも、それには大規模な投資が必要になる。小さな蔵でどこまでできるのか……行き場のない不安は常にあります」と告白してくれました。


そんな加藤さんのもとに合併買収の話が舞い込んだのが2023年のこと。「傘下に入るだけでなく、同じグループ会社として一緒に小田原を盛り上げていきましょう！」と銀行経由で話がきてからトントン拍子で事態が大きく動き、同年5月末には地元・小田原にある小田原紙器工業株式会社の完全子会社に。加藤さんは取締役社長としてそのまま経営に携わり、職人さんたちも継続雇用されることになりました。

これにより課題だった資金面での悩みが解消され、新工場への移転の話も本格化。

さらに同年9月には新工場予定地に隣接する農業生産法人「株式会社なんかいファーム」がグループ会社の一員として加わり、味噌造りに欠かせない大豆の生産を担うことになったそうです。地元・小田原の心強い仲間とともにどのように歩んでいくのか——これからの展開がとても楽しみな蔵です。

7代目の加藤篤さん

米味噌
KOME MISO

おすすめ味噌

神奈川ブレンド

300g　972円

【種類】米味噌
【配合】10割麹、食塩相当量12g
【色】赤色（熟成期間1年）
【甘辛】甘 ┼─┼─┼─◆─┼ 辛

初めて食べたときの印象は「THE味噌」。特別な主張のない一般的な味噌だなと思いました。のちに7代目の加藤篤さんから、「味噌は毎日食べるものだからこそ、洗練された普通の味噌を目指している」と教えてもらって納得。味噌という調味料を紹介するなら代表選手にしたくなる商品です。

【おすすめ料理】
肉味噌

加藤兵太郎商店

神奈川県小田原市扇町5-15-6
TEL：0465-34-7188
https://iichimiso.com/
※工場移転中のため見学不可

米味噌 KOME MISO

基本を学んだ始まりの蔵

糀屋川口（神奈川）

摂食障害や肌荒れの経験から栄養士の資格を取得して料理家になった私は、いわゆる健康オタク。料理教室のレッスン中に材料の切り方や調理方法だけでなく、「この野菜にはこんな栄養がある」という話はしていましたが、ある日、味のベースをつくる調味料そのものについて深く説明できていないことに気づきました。料理に携わる仕事をしているのに、調味料のことをきちんと知らない——。

そこで、「まずは実践！」と思っていたタイミングで知人に誘われて参加したのが、糀屋《こうじや》川口が主催する味噌造り講座でした。

文政元年（1818年）創業、200年以上続く老舗麹屋・糀屋川口は神奈川県横

浜市の住宅街にあります。私は神奈川県出身なのですが、こんなに近くにお店があったんだ……という驚きが第一印象。手作りだという立派な木製の看板を目印に、のれんをくぐりガラガラッと蔵の引き戸を開けると、奥にも天井にもスーッと抜ける広々とした空間が広がっていました。

味噌の原料は大豆・麹・塩の3種であること。麹と塩を混ぜた〝塩切り麹〟を、蒸すまたは煮て潰した大豆に混ぜて、空気を抜くように小分けに丸めてから容器に詰

め、表面にカビが付かないように密閉し、1年間常温で保管して発酵熟成させることで味噌が完成すること……。「笑いながら楽しんで造ったら、おいしい味噌ができますよ」という言葉とともに、味噌のイロハを教えてもらったのが、2015年秋のことです。この講座から半年後の16年早春、「味噌のことを知るなら、まずはこの蔵から」と思い、あらためて訪れてみることにしました。

一人で訪ねてきた緊張気味の私に「何でも聞いてくださいね」と、丁寧に味噌の話をしてくれたのが9代目の川口恭《たかし》さん。子どもが生まれ、安心して食べられる食について考え始めたのをきっかけに、1996年に20歳で蔵を継い

だそうです。
日本各地から厳選して取り寄せる米や麦を使い、昔ながらの伝統製法で麹を造っている糀屋川口は、その麹を使って、米味噌のほかに麦味噌、甘酒、塩麹、醤油麹などを製造販売しています。先代である父親と大げんかしながらも、より質の高い麹を目指して試行錯誤を重ねた川口さん。麹を造る環境はクリーンなほうがいいという考えのもと、麹室《こうじむろ》を洗い、麹を管理する温度を変更。麹菌に負荷をかける独自の作業も加え、パワーある川口流の麹を生み出しています。

当時の私は、味噌造りについてはまだまだなんとなくとしか理解できていない「レベル1」の初心者。原料の大豆と塩についての知識はあったけれど、麹が何なのかよくわからないので詳しく説明をしてほしいとお願いすると、「麹は、蒸した米などの穀物に麹菌と呼ばれる粉状の菌を振りかけて、菌が繁殖しやすい温度と湿度の管理をしながら造ります。麹菌は和名でニホンコウジカビ、洋名でアスペルギルスオリゼーと呼ばれる、日本の国菌です」と教えてくれました。

私が難しい顔をしていたからか、「まずは実物を見てください」と川口さんから渡されて初めて見た麹菌は、苦そうな渋い緑色、片栗粉みたいに空中にホワワッと舞う粒子の細かい粉末でした。完成した米麹の味見もさせてもらったのですが、口に入れてゆっくり味わうと栗のような甘さ。「麹は酵素という働きを持っていて、米に含まれるデンプンを分解してブドウ糖にすることで甘味を、大豆に含まれるたんぱく質を分解してアミノ酸にすることでうま味をつくり出すんですよ」。ゆっくり繰り返し説明してもらい、ようやくメモを取ることができました。帰り際に、「ものすごくいい米。おいしいよ」と麹にするための特別なお米を分けていただいたので帰宅して炊いてみると、体験したことのない華やかで優美な香り。ひと口食べて「うわっ!」と思わず感動の声が出てしまったことを、今でもはっきり覚えています。

「麹があるから大豆は味噌になる。おいしい味噌を造るには、笑いながら造ること。そして、素材がおいしいことが大事」。これが、そのときはまだ味噌初心者だった私ができた最大限の理解だったと思います。

それから何度もお店を訪問させていただいていますが、川口さんはとにかくアクティブ。午前3時から作業を開始、1人で仕込むなら100キログラム未満という蔵人が多い中、1回に400キログラムの米を浸漬《しんし》(水に浸すこと)させて米麹を造ります。味噌を造るときも1回に1トンを仕込むそうです。現在は年間12トンの米麹と1・5トンの麦麹、5トンの味噌を製造。これ以外にも、6反(約5950平方メートル)の畑での野菜作りと、納得するまで極めるケーキやクッキーのお菓子作りが趣味というアクティブすぎる人なのです。

そんな川口さんからは、味噌や麹の基本知識だけでなく味噌造りに関連する道具についても教えてもらいました。糀屋川口の蔵内で使われている道具は昔ながらの職人の手によるものばかり。木桶を使って味噌を発酵熟成させているだけでなく、大豆や米を蒸すボイラー蒸し器はサワラ製(ヒノキだと香りが〝豊か〟すぎるのだそうです)で、蒸し器の底に敷く竹網は特注、念願だったという和釜は木製です。さらに、原料を運ぶ穀箕《こくみ》や腰持ち(細い竹で編んだ籠のようなもの)、たわしに至るまで、道具の作り手に会いに現地まで行き、自分で選ぶそうです。

ほかにも、麹を醸す際に使う竹製のエビラ（平籠）は縦105センチメートル×横75センチメートル、手作りの竹棚に並べて25年前から使用しているそうですが、麹造りの道具としてこの素材や大きさは独特で、ほかの蔵では見たことがありません。

「やっぱり昔ながらの道具はすごく使いやすいんだよね。ずっと使い続けたい」

周りにも宣伝するその姿からは、伝統ある職人の技を未来に伝承したいという思いが強く伝わってきます。私が1年に1度主催している「ガチみそ蔵の会」の3回目（2019年）で全国の味噌蔵の皆さんと一緒に糀屋川口を訪れたのですが、こだわって選んだ道具と職人さんの情

9代目の川口恭さんと著者

報量の多さに、ほかの蔵人から付いた愛称は〝道具屋川口〟でした。

最初の訪問から2年後の2018年には、泊まり込みで麹造りを学ぶ貴重な体験をさせてもらった糀屋川口――今でもいろいろなことを教えてもらうだけでなく、味噌について学び始めたころを思い出す〝始まりの蔵〟でもあります。ちなみに、私が初めて仕込んだ自家製味噌は8年以上経った今でも常温で大切に手元に置いてあり、味噌蔵めぐりの歴史とともに変化する熟成具合を毎年味見しながら楽しんでいます。

米味噌
MISO KOME

おすすめ味噌

米糀みそ

500g　417円

【種類】米味噌
【配合】13割麹、食塩相当量10.0g
【色】茶色（熟成期間1年）
【甘辛】甘 ┼─┼─◆─┼─┼ 辛

1年熟成ながらとても深い味わいで、だしがなくてもおいしいお味噌汁が作れてしまうのが特徴。ぜひ具なしの“素味噌汁”を試してみてください。ショウガやニンニクなどの香りの強い香味野菜との相性も◎。定番の家庭料理を味噌風味で楽しんで。

【おすすめ料理】
豚肉の生姜焼き

糀屋川口

神奈川県横浜市瀬谷区竹村町24-6
TEL：045-301-0036
https://www.instagram.com/koujiyakawaguchi/
※見学不可

米味噌
KOME MISO

都内で唯一の手造り味噌

糀屋三郎右衛門（東京）

味噌を学びに各地をめぐるようになり、日本の伝統文化ともいえる木桶にこだわって仕込みを続けている日本酒や味噌、醤油などの蔵元の皆さんが集まる会で出会ったのが、糀屋《こうじや》三郎右衛門7代目の辻田雅寛《まさひろ》さんでした。

辻田さんイコール、陽気でおしゃべりな味噌蔵さん！　声を聞くだけでとても元気になれるので、ご近所さんだったらきっと毎日会いに行ってしまいます。地元愛がとても強く、近隣の小学校や地域のカルチャーセンターなどへ味噌造りを教えに行っているほか、練馬産の大豆で味噌を造る活動にも積極的に取り組まれています。

天保10年（１８３９年）創業の糀屋三郎右衛門は、もとは茨城県で商いを営んでいましたが、漬け物屋が多くあり麹需要が高かったことから昭和14年（1939年）に現在の東京都練馬区に移転し、家族で味噌造りから販売までを手がけています。麹から味噌造りをしているのは都内ではここだけ。先代から受け継ぎ100年以上使用している麹蓋《こうじぶた》と木桶、手作りしている菰《こも》（温度と湿度を保つために麹蓋にかぶせるために藁《わら》を編んだもの）を今も大切に使っています。

味噌造りの肝だという麹は、レンガ造りで入り口は腰より低く、しゃがんで出入りするのが特徴的な室《むろ》で造られます。「手造りだと、ときどきものすごいいい点数の麹が

7代目の辻田雅寛さん

できるから、それがうれしいんだよね。麹菌が相手だから、いつもそうはさせてくれないんだけど。難しいけどそれが面白いよ」と辻田さん。白米麹、玄米麹、小麦麹、大麦麹と、おいしさにこだわって選んだ有機大豆で造る味噌は天然醸造の生タイプ。とにかく香り高く、「塩慣れ」といって、塩味が立っている感じがなく全体が一体となっている味わいが特徴です。

「都内にある味噌蔵」という立地の良さと、どんな方でも明るく受け入れてくれる人柄に甘えて、私は何度も全国の味噌蔵の皆さんを糀屋三郎右衛門の蔵見学にお連れしているのですが、お話し上手な辻田さんは、皆さんから質問や会話を引き出すのも上手。「1回でどのくらい仕込む

のですか？」「温度管理はどのようにしているのですか？」といった麹に関する質問が多く出てきて、会はいつも大盛り上がり！　みんなの距離がグッと縮みます。
米を蒸すときに蒸気がむらなく行き渡るようにと考案したお手製の木の部品や、麹室の内部を公開してくれるだけでなく、「完成した麹を外しやすくするために、麹蓋の下にあらかじめシートを敷いておく」など作業上でのアイデアも教えてくれる辻田さん。代々研究されてきたことを惜しみなく伝える姿勢と雄弁さは、これからも多くの味噌蔵の力になっていくのだと思います。

米味噌
MISO KOME

おすすめ味噌
すずしろの里（粒）
750g　1134円

【種類】米味噌
【配合】10割麹、食塩相当量10.1g
【色】黄色（熟成期間3～6カ月）
【甘辛】甘 ┼┼◆┼┼ 辛

まずは立ち上がる高い香りを楽しんでもらいたい味噌。塩味はしっかりめの中辛ですが、全体に塩なじんでカドはなくうま味が際立ち、リピートしたくなる味わいです。仕上がりが難しい黄色の味噌は、地元練馬の名産である大根にちなんで「すずしろの里」と名づけられました。

【おすすめ料理】
大根ステーキ

糀屋三郎右衛門
東京都練馬区中村2-29-8
TEL：03-3999-2276
https://www.kouji-ya.com/
※事前問い合わせで見学可の場合あり

味噌加工品
MISO KAKOU HIN

現代の食卓に手軽な使い方を提案

窪田味噌醤油（千葉）

昔は舟を使って荷物を運搬していたことから、今でも川や運河のそばに蔵があることも多いのですが、千葉県野田市にある窪田味噌醤油もその一つ。利根川と江戸川を結ぶ利根運河沿いの、開けた景色のとても気持ちの良い場所にあります。創業は大正14年（1925年）。本家が酒蔵で米麹を造っていたことから、同じ発酵食品である味噌造りを始めたそうです。

全国の味噌蔵を調べる中で私がこの蔵を訪れてみたいなと思ったのは、だし入り味噌のラインナップが豊富なことに興味を持ったから。千葉県房州沖で水揚げされる新鮮なカツオ、サバ、イワシをブレンドした化学調味料無添加の「房州節だしづくしみそ」をはじめ、「あごだし」「いりこだし」「鮭ぶし昆布」「まぐろだし」などなど、たくさんの種類があるのです。

この「だし入り味噌シリーズ」を考案したのが、妻の実家であるこの蔵を継いだ3代目の窪田賢三さん。食の多様化が進んで、米と味噌汁という食卓の風景が変化したことに伴って味噌の使い方にも変化が求められてきたと感じ、2010年ごろから販売を始めたそうです。

500ミリリットルの手軽なペットボトルに入った液状タイプの同シリーズは、大さじ1杯で味噌汁1人前という手軽さ。ブレンドする味

3代目の窪田賢三さん

噌はベースになるだしの種類ごとに変えているそうで、ものによっては30回以上も試作をしたと言います。

「おかげさまで多くのお客さまに愛される商品になりましたが、本当は昔ながらの味噌をもっと使ってもらいたいですね。おいしい味噌は、だしがなくてもおいしいと思っているんです」と窪田さん。味噌を味噌汁にしか使わないのはもったいないと考えているそうです。

「例えば、これからは肉に合わせた使い方などをもっと広めていけたらいいですよね。肉と味噌の組み合わせなら、味噌汁になじみのない海外の方にも味噌に親しんでもらえるのではないでしょうか？」

窪田さんのこの言葉からは、だし入り味噌シリーズを展開しているのは味噌のポテンシャルを感じているからだと、その真意を知ることができて強く共感するとともに、直接話を聞きに行ったからこそ、造り手の方の本音を知ることができて良かったと心から思いました。

私も味噌の可能性を感じている料理研究家として、和食に限らず洋食やエスニック、デザートに味噌を活用するレシピを多く考案し続けていますが、あらためてやりがいを感じるとともに、これまで以上に味噌の活用方法を広げていきたいと思った、味噌蔵めぐりの時間でした。

味噌加工品
MISO KAKOU HIN

おすすめ味噌

房州節
だしづくしみそ

500mL　626円

【種類】味噌加工品
【色】赤色
【甘辛】甘 ┼─┼─◆─┼─┼ 辛

「味噌をもっと手軽に取り入れてもらいたい」「地元の食材を使いたい」という思いから生まれた、房州産鰹節・鯖節・鰯干の３種をブレンドした、無添加の液体の味噌調味料。社内では炊き込みごはんが人気だそう。だしを使う卵料理と相性良く、茶わん蒸しもおすすめ。

【おすすめ料理】
だし巻き卵

窪田味噌醤油
千葉県野田市山崎691
TEL：04-7125-6111
https://kubota-noda.co.jp/
※見学不可

米味噌 KOME MISO

環境に配慮したものづくりを実践
ヤマキ醸造（埼玉）

全国の味噌蔵めぐりをしていると最寄りの駅から離れた場所にある蔵に行くこともよくありますが、「山奥まで行ったなぁ」と懐かしく思い出すのが、埼玉県の北西部、緑豊かな自然と湧き水に恵まれた神川町にある、明治35年（１９０２年）創業のヤマキ醸造です。秩父エリアの最寄り駅でもあるＪＲ本庄駅からバスで約40分、緑豊かな山道を抜けると、広々とした敷地が広がります。「守る自然・残す自然」を意識し、環境に配慮したものづくりをしているのが特徴で、国産有機・特別栽培原料にこだわるからこそ、原料を育てる土作りから大切に考え、生産者とも深く付き合うことを継続されています。私がここの味噌を知ったのは、有機食材にこだわっている食品店でした。初めて食べた「玄米味噌」は香り高く、コクとほど良い甘さで作るお味噌汁のおいしさに惚れ込み、リピートして購入する味噌の一つになりました。

蔵見学や味噌造り体験のほかにも、野菜の収穫体験など年間を通じてさまざまなイベントを開催。毎月12日は「豆腐の日」、第3土・日曜は「醤油の日」、そして最終土・日曜の「味噌の日」にはこの日限定の味噌販売などもあります。出来立ての味を購入できる直売所や、生味噌の香り立つお味噌汁などを味わえるお食事処もあって、まるでテーマパークのよう！　ドライブがてら訪れてみてはいかがでしょうか。

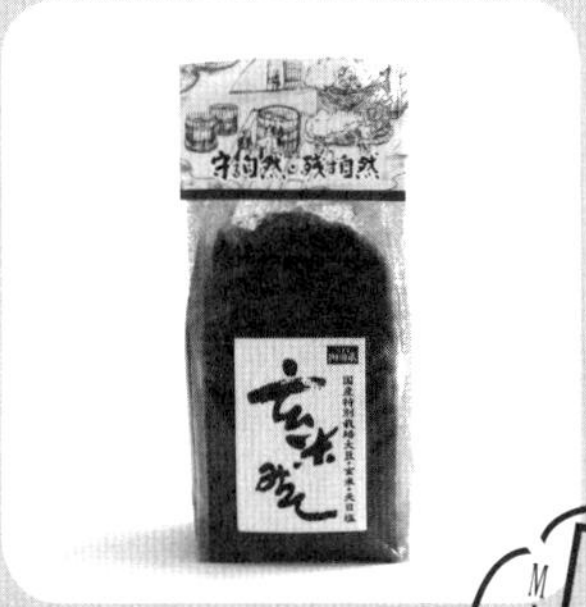

おすすめ味噌

玄米味噌

1kg　1350円

【種類】米味噌
【配合】麹歩合は非公開、
　　　食塩相当量11.3g
【色】赤色（熟成期間1年）
【甘辛】甘 ─┼─┼─◆─┼─┼─ 辛

秩父山系・城峯山の古生層の湧き水はミネラルを含む柔らかいのど越し。この名水で仕込んだ味噌はとにかく芳醇で引き込まれます。タケノコや山菜、キノコと相性◎。初めて食べたのは料理家の駆け出しのころですが、そのときの感動は今でもはっきり覚えています。

【おすすめ料理】
チンジャオロース

ヤマキ醸造

埼玉県児玉郡神川町大字下阿久原955
TEL：0274-52-7000
https://yamaki-co.com/
※見学可

甲信越・北陸

味噌まめ知識

全国で味噌蔵がいちばん多い地域といえば長野県。県内には80軒以上もの味噌蔵があり、全国の味噌生産量の50％以上を占めています。鎌倉時代に禅僧・心《しん》地《ち》覚心《かくしん》が現在の長野県佐久市で味噌造りを広めたこと、戦国時代に武田信玄が兵糧として造らせたことなどから、味噌造りが盛んに行われるようになったといわれています。

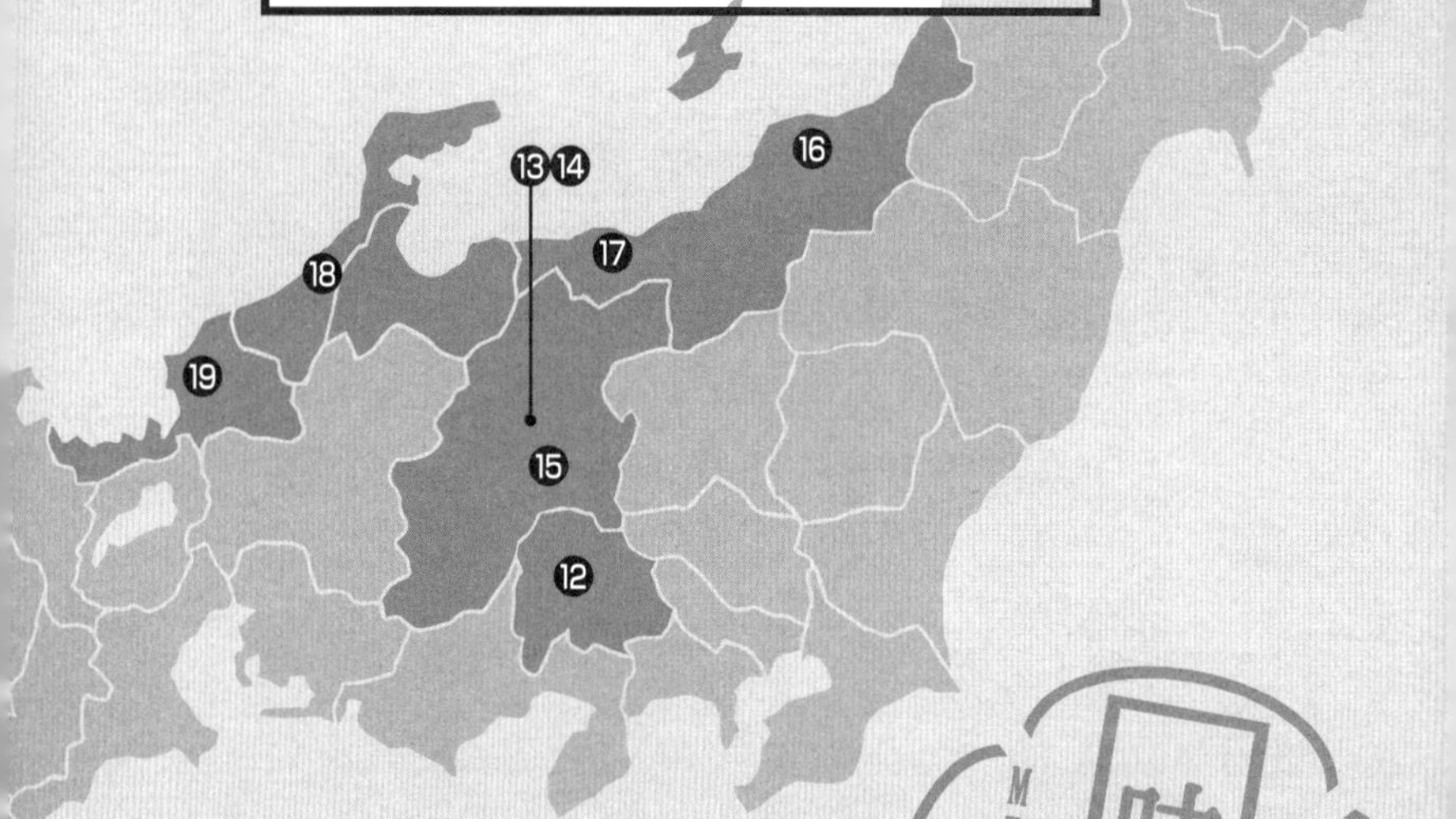

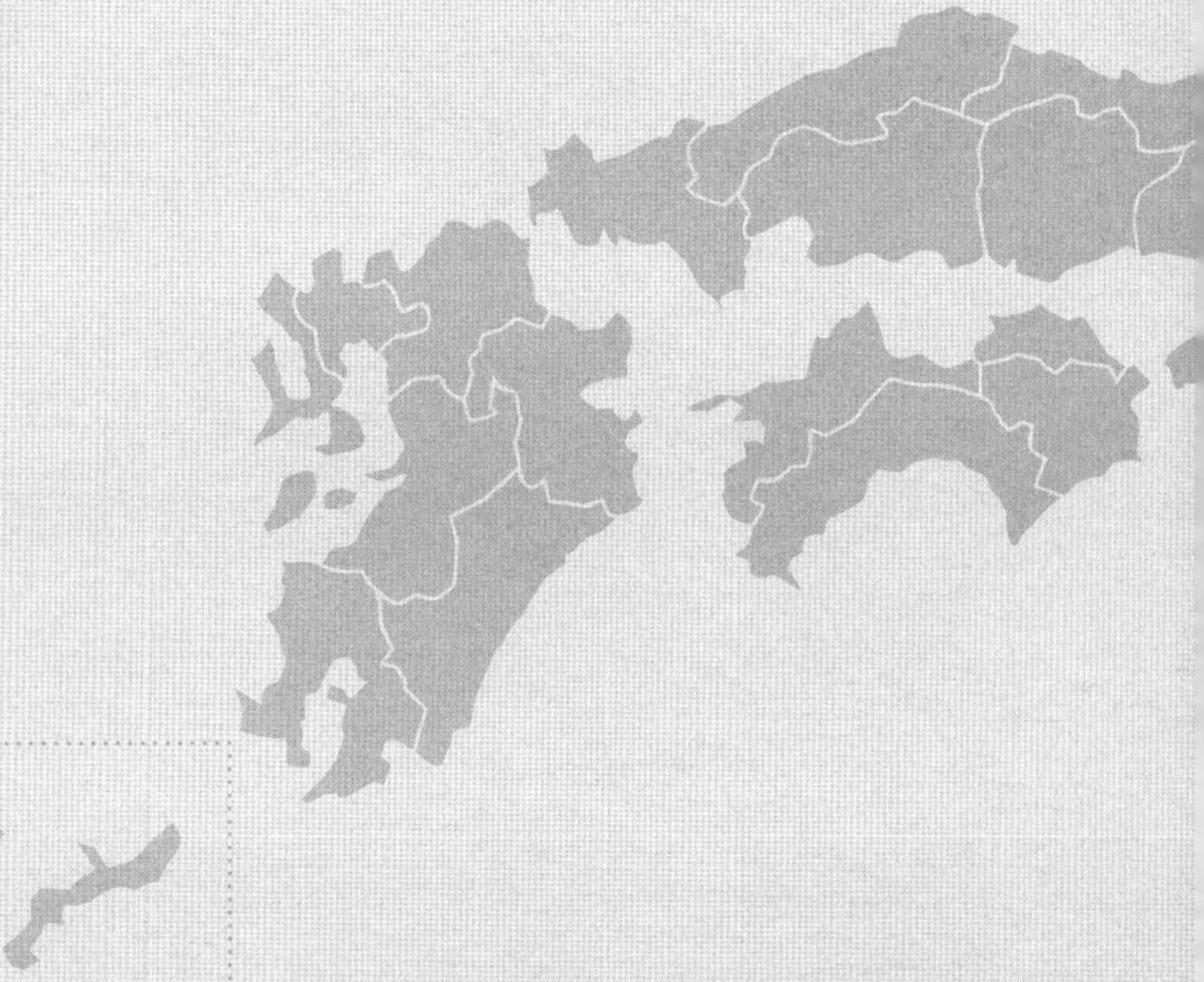

合わせ味噌 AWASE MISO

歌にラジオに大活躍の発酵兄妹

五味醤油（山梨）

味噌めぐりを始めた最初の冬、この本のレシピや味噌の写真を撮影してくれた料理写真家の福岡拓さんに、「家で味噌を仕込むための麹を買いにいつも行く味噌屋さんがあるから、一緒に行きますか?」と誘ってもらって出かけたのが、山梨県甲府市にある明治元年（1868年）創業の五味醤油でした。名前に「醤油」とありますが、現在は味噌と麹の製造販売を専門としています。

創業時から造り続けている「甲州みそ」は、この地ならではの郷土味噌。一般的に、味噌の仕込みに使う麹は米、麦、豆のうちの1種類だけですが、米と麦の2種類の麹を合わせて造るのが特徴です。

五味醤油では兄で6代目の五味仁《ひとし》さんが製造を、妹の洋子さんがインターネット販売や手造り味噌教室を担当。その傍ら、発酵デザイナーの小倉ヒラクさんを加えた3人で「発酵兄妹」というユニットを結成し、味噌造りや発酵文化を広める活動を行っています。2011年には「てまえみそのうた」を制作。歌って踊れるこの歌は、子どもはもちろん大人にも大人気で、絵本にもなりました。YouTubeでこれまで23万回以上も再生されている超人気動画なので、まだ見たことがない方はぜひ見てみてください！

ほかにも、YBS山梨放送で「発酵兄妹のCOZY TALK（コージートーク）」という、発酵をテーマにしたラジオ番組のパーソナリティーも

６代目の五味仁さん

左から、小倉ヒラクさん、五味仁さんと妹の洋子さん、著者

務めている仁さんと洋子さん。私が初めて蔵を訪問した日、「今日、ラジオがあるから出演しますか？」と誘われて、そのまま収録へご一緒させていただくことになったのも良き思い出です。

とはいえ、このときの私は味噌蔵めぐりを始めたばかりで、まだまだ知識も浅い味噌初心者。ただただ味噌が好きで、味噌のことをもっと知りたいという気持ち満載のトークだったと思います。それでも6年後の2023年にもう一度、同じ番組に出演させてもらったときには、私が全国の味噌蔵めぐりを変わらずに続けていることや、その成果を本やテレビ、ラジオなどで発信していることを喜んでくれて、「6年間の積み重ねってすごいね〜」というトークからお二人との距離が縮んだことを感じられてうれしかったです。

いつもとても柔らかい物腰で話をしてくれる仁さんは、大学卒業後に3年間の会社勤めを経験していますが、その会社がタイでの味噌製造を手がけることになり、入社早々にその担当者として海外勤務に。見知らぬ土地での味噌製造を経験して26歳で実家に戻り、37歳で6代目を継がれたそうです。「英語もタイ語も話せないのにいきなりタイに行って、しかも現地で味噌造り。なんとかなる力は培ったよね」と笑って教えてくれました。

「地域ごとに味噌蔵があったほうがお客さんも楽しいし、食卓も豊かになるはず」「メーカー同士がお互いの商品を使って新商品を生み出すのも面白いよね」などなど、常に広い視野で考えて前のめりで動いている仁さん。その様子はとにかく楽しそう。楽しそうだからその輪が自然と周りの人にも広がって、みんなで一緒に面白いイベントをしたり、情報を発信したりすることにつながっていくのだと思うのです。

妹の洋子さんが担当している「手前みそ教室」

敷地内にある食の体験スペース「KANENTE」では、「手前みそ教室」をはじめ、さまざまな体験教室を開催

は毎年12月から春までの開催で、年間5〜6トン分もの味噌を造っているというから驚き！　お年寄りから子どもまで県外からも多くの方が参加していて、中には「周りのお友達に配る用の味噌も仕込んでいるんですよ」と言って、何度も参加されるリピーターもいるそうです。「楽しみながら味噌の魅力を広めている方が、ここにもたくさんいるんだな」と、洋子さんの話を聞いて私までうれしくなりました。

とにかく明るくて笑顔がすてきな発酵兄妹の仁さんと洋子さん。私もお二人のことを見習って、楽しく元気に味噌の魅力を発信し続けていきたいと思っています。

合わせ味噌
AWASE MISO

おすすめ味噌

甲州みそ

1kg　740円

【種類】合わせ味噌
【配合】9割麹 、食塩相当量12.5g
【色】赤色(熟成期間10カ月〜1年)
【甘辛】甘 ┼─┼─┼─◆─┼ 辛

しっかり感じるうま味と塩味は、和食に使う調味料の域を超えてエスニックにも合います。梅干しと相性が良く、みりんなどの甘味を合わせるとチャツネ（インド料理で用いる薬味）のように使えるので、カレーの薬味やアジアンメニューの味付けにしたいときにぜひ。

【おすすめ料理】
パッタイ

五味醤油

山梨県甲府市城東1-15-10
TEL：055-233-3661
https://yamagomiso.com/
※見学不可

米味噌 KOME MISO

2回の引っ越しでじっくり熟成

石井味噌（長野）

「味噌蔵の見学に行きたいのですが」と相談を受けたときに私がよく名前を挙げるのが長野県松本市、松本城下にある慶應4年（1868年）創業の石井味噌です。東京からのアクセスも良く、最寄り駅の松本駅から蔵まで徒歩での移動が可能な立地、という点もおすすめしている理由の一つです。

柔らかい照明が灯る蔵内には先代から受け継がれてきた美しい木桶が並び、年間5万人の観光客が訪れるそう。私は全国の味噌蔵をめぐっていますが、2メートル級のサイズの木桶の美しさは石井味噌が群を抜いていると思っています。とにかく美しいので、皆さんにも直接見てほしいです。丁寧なガイド付きの蔵見学があるので、味

噌の原料や仕込みの工程などを知ることはもちろん、普段なかなか触れる機会の少ない木桶の希少さや、木桶仕込みと微生物の関係についての話もじっくり聞くことができます。併設のショップには、味噌バーニャカウダや無添加のこだわり天然だし、豚肉の味噌漬や味噌バウムクーヘンなどの味噌商品がずらりと並んでいるほか、事前に予約をすれば味噌を使った食事を楽しめるのも、うれしいポイント。さらに外国人の方への対応として、英語表記の説明文も看板にして設置してくれています。

立派な木桶以外にも、石井味噌には製造方法に大きな特徴が2つあります。1つは、床から30センチメートルほどの高さの「放冷板《ほうれいばん》」と呼ばれる板に布をかけ、蒸した大豆を広げてひと晩置き、酵母菌や乳酸菌を付着させてから仕込みをすること。私がめぐってきた全国のほかの蔵では大豆を蒸したらそのまま麹と塩を混ぜるのが一般的なので、放冷板を使った製法はとても珍しい工程です。

そしてもう1つは、仕込み蔵、二年蔵、三年蔵と、1年ごとに木桶から中身を移して蔵の引っ越しをすることです。2メートルほどの大きな木桶にはしごをかけ、仕込んだ味噌を人力のスコップ作業で掘り出して、大きなバケツで何往復も繰り返しながら引っ越しさせるのです。

「手間はかかってもこのこだわりの作業を行うことで、蔵独特の風味が生まれるんです」と6代目の石井康介さんは言います。木桶仕込みの味噌はＦＲＰ（プラスチック容器）で仕込む味噌よりも、木桶ごとの特徴が現れます。これは木桶に微生物が棲み着いているからなのですが、味噌を2回も引っ越しさせることで味の偏りをなくし、蔵独特の風味を生み出す効果があります。

一般に「信州味噌」と聞くとスーパーに流通している黄色い味噌をイメージすることが多いですが、この蔵の味噌は赤色。昔ながらの製法でじっくり時間をかけて熟成している証しです。

数年前からは重石を使わない製法にも挑戦。4・5トンもの仕込みをする際には木桶の下部に水分が溜まらないよう表面に重石を載せることが多いのですが、1本の木桶の仕込みを下部、中部、上部と3分の1ずつ行い、上部の原料には水分量を多くすることで、水分を木桶全体に行き渡らせるという考え方です。一つの味噌が出来上がるまで3年かかるにもかかわらず、毎回の仕込みのたびに研究した内容を実践するそのこだわりには敬服します。

地元の農業生産法人と一緒に棚田の再生にも力を注いでいて、従業員総出で田植えも行っています。現在は田んぼ12枚で米1・9トンを収穫して米麹に使用。10年以内には50枚、3・6ヘクタールの棚田の再生を目指しているそうです。

このほか食育事業にも熱心で、年間1800人もの子どもたちと味噌仕込み体験を実施。「仕込み体験は味噌を身近に感じてもらえる良い機会。味噌の使用頻度が上がるきっかけになると思うので、体験の場をもっともっと増や

6代目の石井康介さん

していくことが目標です」と話してくれた石井さんの言葉に、深く共感したことを今でも覚えています。

それからしばらくして、ある企業さんからオンライン味噌仕込み体験の企画監修を依頼された私の頭にすぐに浮かんだのが、石井さんのお顔。さっそく協力をお願いし、2020年から一緒に全国各地の方々に味噌仕込みの楽しさを発信しています。まだまだ始めたばかりの試みですが、味噌蔵めぐりをする中で味噌蔵の皆さんが語ってくれた夢や目標を、一つでも多く一緒に叶えていけたら幸せだな、と思っています。

米味噌 KOME MISO

おすすめ味噌

信州天然醸造
杉桶仕込【三年蔵/赤】

500g　1620円

【種類】米味噌
【配合】6割麹、食塩相当量12.5g
【色】茶色（熟成期間3年）
【甘辛】甘 ┼─┼─◆─┼─┼ 辛

長期熟成の米味噌はコクがありつつ後味すっきり、牛肉と相性抜群です。台湾料理の牛肉麺（ニューローメン）を作れば、スープはもちろん小麦麺にもほど良く味がからんで、おいしく仕上がります。とてもなめらかなテクスチャーなので、こし味噌派の方におすすめです。

【おすすめ料理】
牛肉麺（ニューローメン）

石井味噌

長野県松本市埋橋1-8-1
TEL：0263-32-0534
https://ishiimiso.com/
※見学可

米味噌 MISO KOME

チーズと同じカビが造り出す味噌

萬年屋（長野）

「味噌はチーズのような味わい」と表現されることがありますが、本当にチーズのカビが造り出す味噌が存在します。長野県松本市にある萬年屋は江戸時代の天保３年（１８３２年）創業。独特の〝味噌玉製法〟を６代目の今井誠一郎さんが継いでいます。日本に味噌が伝わった１３００年前からあったとされる味噌玉製法は、大豆を２度熟成させ、大豆自体の中に菌をたくさん増やすという手間をかけた製法です。個性ある菌が増えることで、味噌に濃厚な風味と奥深さを与えます。気温が高すぎると熟成前に腐敗してしまい、低すぎると熟成前に乾燥してしまうため、年に１度、春だけにしか仕込めないのも特徴です。

初めて萬年屋にうかがってから2年の月日が過ぎた2021年4月、念願の味噌玉製法の味噌造りを見学させていただけることになりました。

「ほかの工場《こうば》は見たことがないから、どういうふうにやっているのか、どんな機械を使っているのか、全然知らないんですよね。通常の味噌屋さんは麹造りがいちばん重要だと思うけれど、うちは味噌玉だからね」と穏やかに話す今井さん。「女性でうちの工場に入るようになったのは彼女が初めて。お袋も祖母も工場には入らなかったんですよ」と、作業の手を休めて妻の香織さんを紹介してくれました。

もともとは帝国陸軍五十連隊の倉庫だった建物を戦後になって移築した工場は、平屋を2階建てに増築したため、2階部分は身長169センチメートルの私が歩くと天井の柱に頭をぶつけてしまいそうになるほどの高さです。

肝心の味噌玉造りは、蒸した大豆を機械で潰すところから始まります。材料は大豆だけ。塩は入れません。潰した大豆を円柱状に押し出して縦25センチメートル×横20センチメートルのサイズにし、さらに縦半分にカットして成形します。1個の重さは

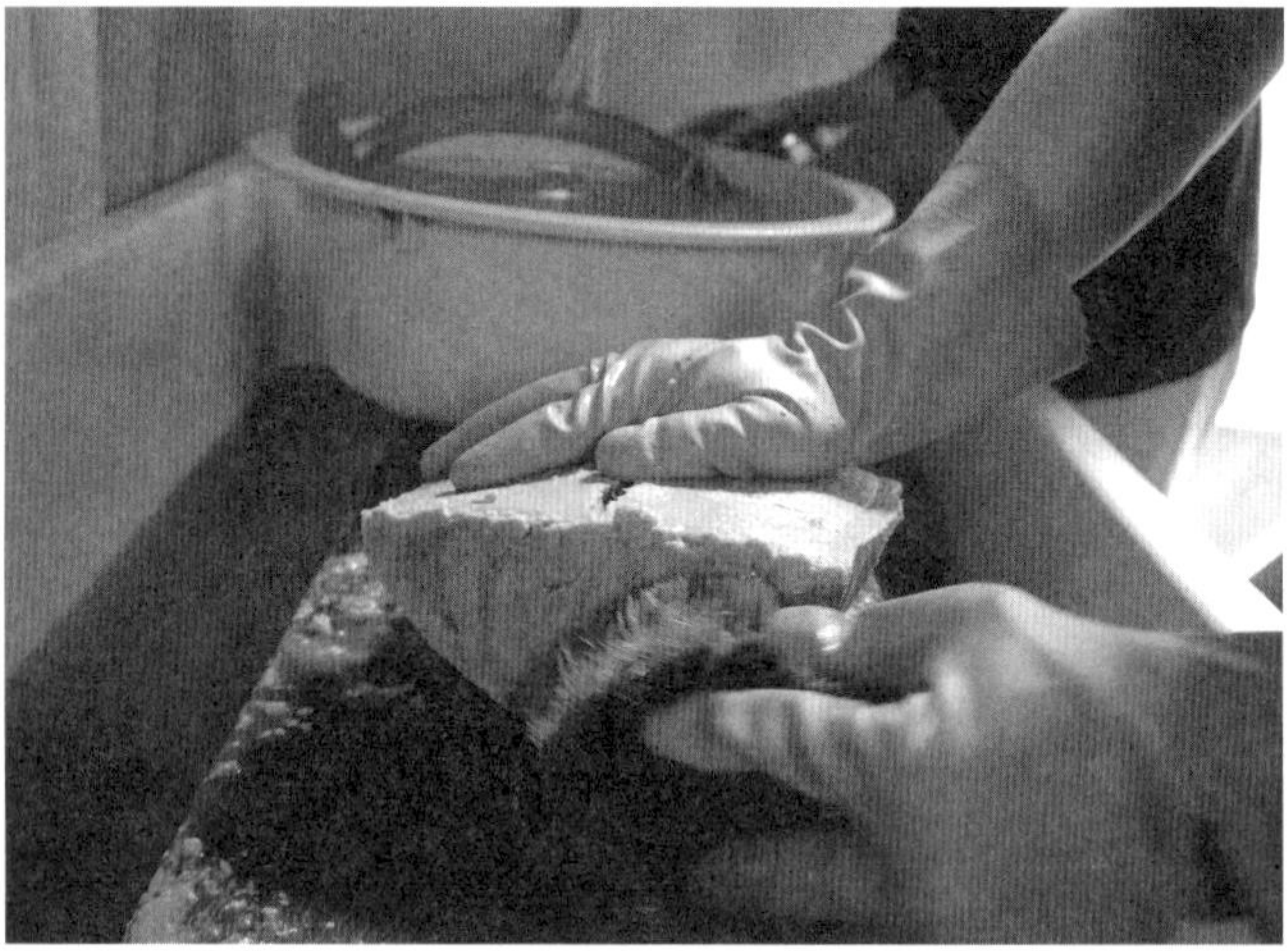

約6キログラム、持ってみるとずっしりとした重さです。

1日に造る味噌玉は180玉ほど。組み立て式の木棚に簀子《すのこ》を敷いて直立に並べたら、その状態で3週間置きます。ずらりと置かれた光景はエジプトの砂漠で発掘された遺物が博物館に並んでいるようなイメージで、独特のオーラを放っていました。

味噌玉にはやがてフワフワとカビが付いてくるのですが、工場見学に来た薬品研究員の方の調査で、カマンベールチーズの白カビと同じ菌だと判明したそうです。カビが付いた後、さらに時間が経つにつれて今度は〝あめ〟と呼ばれる白いモコモコした泡が味噌玉の周りに出現してきます。この白い泡の正体は、内部の菌が呼吸して出す二酸化炭素。「カビがたくさんいるよ！　芯まで熟成したよ！」の合図です。味噌玉に力強く密着してネッチョリした質感ですが、3週間経ったものは乾燥してパリパリになります。

あめと呼ばれているのなら甘いのだろうか？　私の中の好奇心が止まらず、「味がするんですか？」と香織さんに尋ねると、「食べてみますか？　どうぞ、どうぞ。でも、そんなにおいしいものじゃないかな」と笑いながらミョーンと伸びたあめをちぎって渡してくれました。

その香りはまさにチーズ！　食べてみるとチーズの味わいはありつつ、苦味や酸味も感じました。味噌玉の熟成には15～20℃が適温で、寒すぎるとあめは出てきません。そのため天気予報を見ながら仕込むタイミングを見極めるのも、経験が為《な》せる技なのです。

結婚してから18年間、積極的に味噌造りにかかわっている香織さん。お二人のあうんの呼吸で作業される姿に、すてきなご夫婦だなぁと温かい気持ちになりました。

さて、3週間の熟成と乾燥を経た味噌玉は、かなづちを使わないと割れないほどゴツゴツと硬くなります。水を張った大きな浴槽にドボンと漬けてふやかしたら、カビやあめが付いた部分をたわしでこすって落としていきます。鏡餅よりも硬いので、水に1時間漬けても形崩れはしません。洗い終わったら機械でガリガリ、ゴリゴリと大きな音を立てながら粉砕機で細かくしてから攪拌機へ。細かくなった味噌玉と自家製の米麹と塩と水をしっかりと攪拌し、職人の長年の感覚で混ざり具合を見極めたら、床の隠し扉を開いて1階のタンクにドババババッと落とします。その後、しっかりと踏みしめて、ようやく仕込みが完了します。
通常の味噌造りよりも工程が多く時間もかかる味噌玉製法を続けている蔵は、日本国内ではわずかになってしまったようです。手間はかかるけれど、蔵に棲み着くカビが造り出す香りや味わいは、唯一無二。〝ここにしかない味〟を、これからも継いでいってほしいと願うのでした。

米味噌 MISO KOME

おすすめ味噌

豊麗

500g　702円

【種類】米味噌
【配合】10割麹、食塩相当量12g
【色】黄色（熟成期間1年）
【甘辛】甘 ┼─┼─┼─◆─┼ 辛

カマンベールチーズの白カビと同じ菌で造られた味噌は、そのまま食べると独特の個性ある香りが印象的ですが、熱を加えてお味噌汁などに使うとまろやかさが際立ちます。牛乳やヨーグルトなどの乳製品との相性も抜群。香ばしく焼いたベーコンと卵に絡めてカルボナーラにするのもおすすめ。

【おすすめ料理】
カルボナーラ

萬年屋

長野県松本市城東2-1-22
TEL：0263-32-1044
https://mannenya.ne.jp/
※事前問い合わせで見学可の場合あり

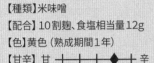

米味噌 MISO KOME

大好きな父の味を姉妹で残したい

喜多屋醸造店（長野）

2021年1月、Instagramを通して「みんなで繋がって一緒に発信！」という、全国の味噌蔵の皆さんと一緒に取り組む企画を打ち出しました。一つは日本全国の味噌商品の情報を掲載していく〝全国みそカタログ〟、もう一つは〝みそレシピ〟の制作です。この投稿を見て「同世代で味噌の活動をしている人がいるなんて、うれしい！」と連絡をくれたのが、喜多屋醸造店の5代目として修業中の2人姉妹の姉、長峰愛さんでした。

家族4人と従業員3人で1回に2トンの仕込みをする喜多屋醸造店は、長野県岡谷市の諏訪湖のすぐ近くで昭和7年（1932年）に創業。活発な姉・愛さんが広報や

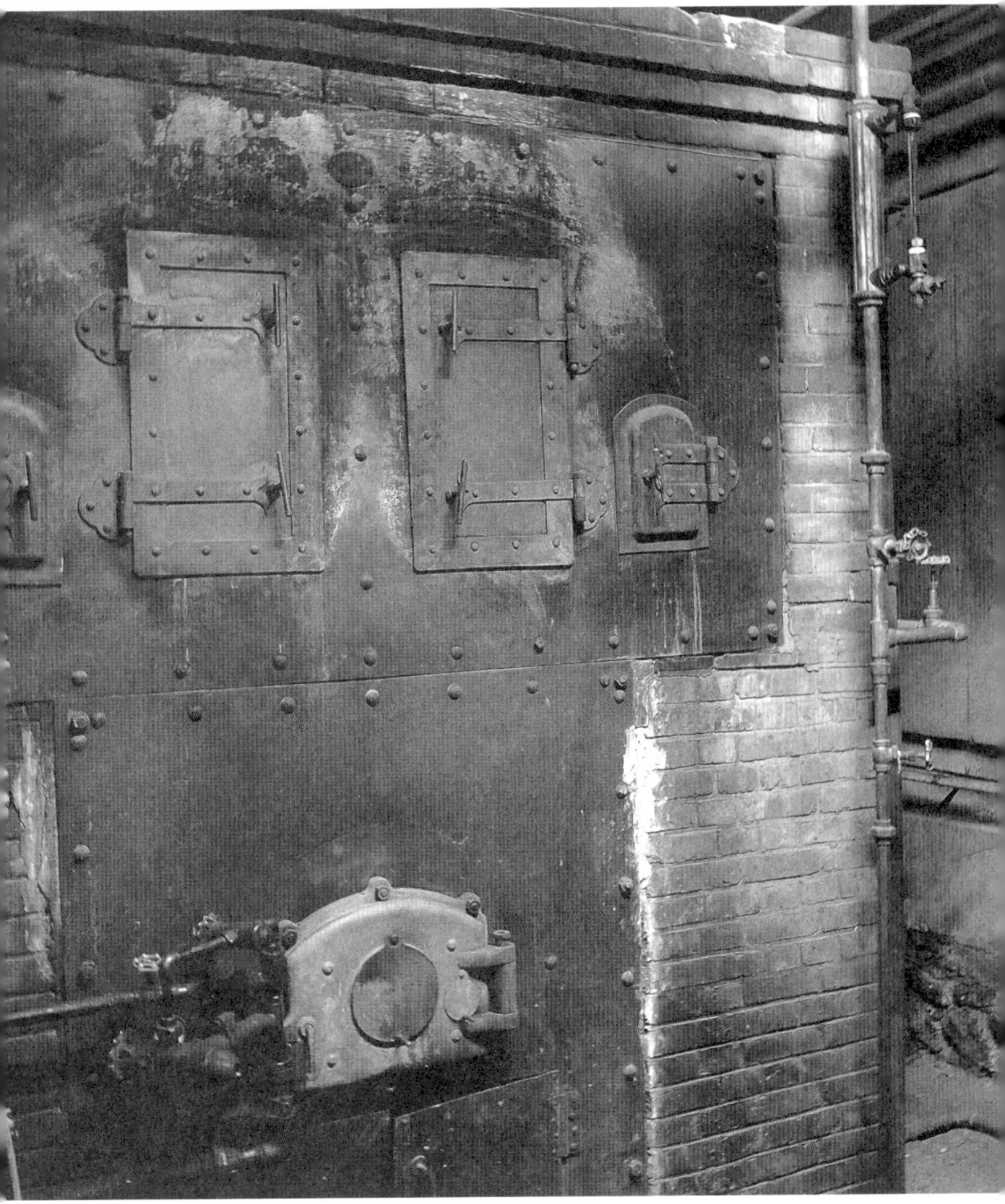

営業を、職人気質の妹・佐々木彩《あや》さんが製造を担当しています。タイプの違う二人は、お互いの強みを理解している心強い存在のようです。

製糸業で栄えた岡谷市の歴史を今に残すのが、創業当時から使用しているレンガ築炉の大きなボイラー。全国でも数えるほどしか残っていないという貴重なもので、大豆や米を蒸すための心臓部として現役で稼働しています。保有水量が多く、大豆や米を蒸すのに最適な蒸気が発生するため、喜多屋醸造店の味に欠くことのできない大切な存在なのだとか。メンテナンスに薬品は使わないのがこだわりで、毎年春になると大量のサツマイモを詰めて焼き、サツマイモに

５代目として修業中の姉・愛さん（左）と妹・彩さん

含まれているタンニンの力でボイラーが劣化しないようにしているというから驚きです。

地域住民と一緒に大豆や米の栽培も行っていますが、白味噌を造る際に出る大豆の皮を乾燥させて田んぼに撒いたり、ぼかし肥料に加えることで、原料すべてが無駄にならないように心がけるなど、味噌造りにかかわる一つひとつに意識して取り組まれています。

「父の造るこの味噌がとにかく大好き。だから残していきたい」

30代の〝女性若〟の頑張りを、これからも応援していきたいと思います。

米味噌 MISO KOME

おすすめ味噌

無添加
手造り味噌（白）

1kg　950円

【種類】米味噌
【配合】10割麹、食塩相当量11.4g
【色】黄色（熟成期間6カ月）
【甘辛】甘 ┼┼┼◆┼ 辛

大豆の皮を除いてから雑味を取り去るために2度煮の手間をかけて造られた味噌は、料理の味が決まりやすい、ほど良い塩味ときれいな黄色が特徴です。グラタンのホワイトソースや蒸しパンなどにも合うので、お子さんのいる家庭で特に使ってもらいたいです。

【おすすめ料理】
グラタン

喜多屋醸造店
長野県岡谷市天竜町2-3-3
TEL：0266-22-3110
https://www.kitayamiso.com/
※見学不可

米味噌 KOME MISO

受け継がれる好奇心と探求心

山田醸造（新潟）

好奇心強く探求心があって、さまざまな試作に取り組んでいるのが、新潟県新潟市にある明治24年（1891年）創業の山田醸造、6代目の山田弥一郎さんです。

「発酵に挑戦し、学び、進化し続けていきます」という弥一郎さんとは、音声SNSのClubhouseで味噌について熱く語り合ったのがきっかけとなって、今では味噌のことはもちろんですが、発酵全般についても大いに語り合う〝発酵オタク仲間〟になりました。

私はこれまで、原料である大豆、麹、塩の種類や配合を変えて180種類ほどの味噌を実際に造り、その味を試してきました。例えば、大豆は一般的な黄大豆以外に青

大豆や赤大豆などを使い、その蒸し方や潰し方にも細かな違いを加えます。塩は海塩、岩塩、湖塩……、麹は米、豆、麦といった種類の違いだけでなく、生麹なのか乾燥麹なのかなどなど、一つひとつを細かに変えて味噌を仕込むのです。

それは弥一郎さんも同じようで、味噌の製造に関する数字や技術が細かく記された昔の本を貸してくれたり、大豆の代わりにイリコ、ビーツ、鶏肉、バナナなどを使った味噌の試作品を送ってくれたり……。その背景にあるのは、「味噌はもちろんだけど、もっと多くの人に発酵にも興味を持ってほしい」「麹の可能性を追求したい」「自分だけでなく、一緒に働く蔵のみん

なの視野も広げたい」といった熱い気持ちがあるようで、そんな弥一郎さんとの意見交換は終わることなく続く楽しい時間です。

聞けば、弥一郎さんの祖父にあたる4代目の一弥さんは東北帝国大学(現・東北大学)工学部の出身で、新製品の開発に努めるなど探求熱心な方だったそう。弥一郎さんの好奇心と探求心はおじいさんゆずりなのだなと思いました。

大正時代のころから丁寧に使い続けている蔵は、天井の一部が窓になっているため、ほの暗い蔵の中にまるでステンドグラスを通したような幻想的な光が差し込んでいてとても印象的。驚いたのが、試験管やフラスコが並ぶ、まるで学校の理科室のような部屋があることです。朝から夜までこの部屋にいることと、研究誌を読むことがなによりの喜びだったという一弥さん。日々試作に励んでいたころの手書きの資料ファイルが今でも大切に残されていて、〝発酵オタク〟の私にとっては心が浮き立つ「萌え部屋」でした!

一弥さんは、「知識は経験を経て知恵になる。使わないと知恵ではなくなってしまう」「あるもので工面せよ」といつもお話しされていたそうで、その教えが生きているのかも？　と思ったのが、跳ね上げ式になっていた蔵の中の扉。扉を上下に動かすこの方式であれば、扉の周囲に開閉のための場所を取る必要がないので作業スペースを十分に取ることができるなあ、と感心しました。

山田醸造の味噌は地元・新潟産の大豆やコシヒカリを使用。大豆を蒸かす際には、鮮やかな色とうま味のバランスを追求した「半煮《はんに》半蒸《はんむし》」の加熱方法にこだわっています。さらに大きな特徴といえるのが、創業当時から蔵に棲み着いている「蔵付き酵母」を発酵の過程で加えること。新潟県の味噌組合では、酵母を加えることで味噌の香りが安定するだけでなく、さらに香りが良くなるという点から、味噌造りの際に

6代目の山田弥一郎さん

酵母を加える製法を推奨していて、そのための酵母も流通しています。しかし山田醸造では、一弥さんの代に蔵付き酵母の中から選び出した、モモのような愛らしさと熟したプラムのようなフルーティーな香りの酵母を、現在も試験管で純粋培養。そうすることで蔵独自の酵母を使い続けているのです。

私は味噌の分類をするときに、受ける香りの印象で記憶することが多いのですが、山田醸造の味噌は優雅な香り。紅茶と合わせたくなるような、ティータイムのイメージでした。

米味噌
MISO KOME

おすすめ味噌

延齢

500g　648円

【種類】米味噌
【配合】10割麹、食塩相当量11.4g
【色】黄色（熟成期間3〜6カ月）
【甘辛】甘 ＋＋＋◆＋ 辛

自社で培養する蔵付き酵母を使用した味噌は、モモやプラムを思わせる優美な香り。炊き込みごはんやリゾット、パエリアなど、新潟のおいしいお米と合わせた料理を作りたくなります。レモンやオリーブオイルを加えて洋風に仕上げると華やかさが増すのでぜひ試してください。

【おすすめ料理】
リゾット

山田醸造

新潟県新潟市北区葛塚3119
TEL：025-387-2005
https://www.e-misoya.com/
※見学不可（イベント開催時は見学可）

米味噌
MISO KOME

原料に勝る技術なし

丸久味噌（新潟）

北陸新幹線の上越妙高駅から車で10分、冬は2メートルもの雪が積もるという新潟県上越市。嘉永3年（1850年）創業の丸久《まるきゅう》味噌には、その名も「一途」という、木桶に国産原料を使用して仕込む天然醸造の味噌があります。

「〝原料に勝る技術なし〞が口癖で現代の名工にも選ばれた山林光男さんと、7代目が一緒に造ったこだわりの味噌なんです」と、9代目の佐藤敏雄さんが話してくれました。不作のために大豆の価格が高騰した年があっても、「国産原料で造る」というこだわりは貫き続けてきたそう。味噌汁にしたときに米麹がフワッと浮くのですが、これは米麹をたくさん使っているためで、米どころでもある上越地方ならではの味噌

9代目の佐藤敏雄さんと著者

です。戦国武将の上杉謙信が広めたといわれ、その名も「浮き麹味噌」と呼ばれています。

近代的な機械と木桶が共存する3階建ての工場《こうば》の中で印象的だったのは、これまでの味噌蔵めぐりで見てきたサイズの3倍はありそうな、1・2トンもの米麹を広げられる広い麹室《こうじむろ》と、約13メートルもの長さの2台の床板《とこいた》（麹造りの際に麹を寝かせる板、もろ蓋《ぶた》）。米味噌の木桶仕込みの蔵でこんなにも大きな仕込みをしているところは初めてでした。使っている木桶は1本で4・5トン仕込めるもので、米味噌の木桶としては全国的に見て大きなサイズ。未使用のものも含めると63本もの木桶を所有しているというから驚きます。麹を仕上げるときに使う80センチメートル×120センチメートルの足付き木板（オリ）もほかにはない独自の道具で、仕込み量に合わせていろいろ工夫を重ねている姿勢を感じました。

1989年には秋田杉と佐渡島の竹を使って自社で木桶を作ることにも挑戦。ここにも木桶文化を継承しようとしている方々がいることを知り、感銘を受けました。

MISO 米味噌 KOME

おすすめ味噌

一途

500g　896円

【種類】米味噌
【配合】10割麹、食塩相当量12.3g
【色】赤色（熟成期間6カ月以上）
【甘辛】甘 ┼┼┼◆┼ 辛

塩味はしっかりありながら、コクとうま味の絶妙なバランスが美味。白米に合わせるだけで立派な一品になるので、焼きおにぎりにするとさらに最高です。600種以上もの味噌を食べてきた私も、自宅にいつも置いておく味噌の一つ。ベーシックな味噌として日常使いにおすすめです。

【おすすめ料理】
焼きおにぎり

丸久味噌

新潟県上越市南本町2丁目3-13
TEL：025-523-2571
https://maru9miso.co.jp/
※見学不可

米味噌 KOME MISO

体験して学べる「糀パーク」
ヤマト醤油味噌（石川）

兄で代表取締役の山本晴一さんと、弟で工場長の晋平さんが「四代目ブラザーズ」として蔵を盛り上げてきたのが、石川県金沢市にある明治44年（1911年）創業のヤマト醤油味噌です。現在は晴一さんの息子の耕平さんも加わり、味噌の魅力を発信し続けています。

私がこの蔵を訪ねたのは、全国の味噌蔵めぐりを始めたばかりのころ。まだまだ味噌への理解が乏しかった私は「まずは麹について学ぼう」と思い、インターネットで「麹」とあれこれ検索する中でヤマト醤油味噌のホームページにたどり着き、そこに掲載されていた「糀《こうじ》パーク」という名前に惹かれて行ってみることにしました。

本社製造工場に併設されたパーク内には、ヤマト醤油味噌の歴史や味噌造りの要である麹について学べる体験プログラム施設「糀蔵」のほかに食事処や直売所などがあり、蔵のガイド付き見学ツアーや糀手湯、みそぼーる作り、料理教室などさまざまな体験ができます。


訪れた日にはちょうど代表取締役の山本晴一さんがいたのでごあいさつをすると、味噌や麹について、大きなホワイトボードの両面いっぱいにイラストを描きながら説明してくれました。今でも印象に残っているのは、「香りは微生物がつくる」というお話。時間をかけて醸し出される香りは、そこにしか生まれない特別なものなのです。お忙しかったはずですが、知識の浅い私一人のためにとても丁寧に接してくれた山本さんの姿をあらためて思い浮かべると、ぜいたくな時間だったなぁと心が温かくなります。

今でこそ、私も味噌の魅力や料理法について多くの方にお伝えさせていただくようになりましたが、山本さんのように「目の前にいる一人だけのためでも、大勢の方に伝えるときと同じ心意気で接する」ことを、自分も実践したいと意識しています。
このように、味噌について学んでいると、人間として大事なことを教えていただける機会にたくさん出会います。それも、私が味噌蔵めぐりを続ける理由の一つになっているのかもしれません。

米味噌
MISO
KOME

おすすめ味噌

かなえ

400g　972円

【種類】米味噌
【配合】10割麹、食塩相当量11g
【色】茶色（熟成期間1年）
【甘辛】甘 ─┼─┼─┼─◆─┼ 辛

有機大豆と有機米を使用し木桶で長期熟成させた味噌は、しっかりしたうま味と深いコクが特徴。トマト缶やトマトケチャップと合わせれば、いつものミートソースやハンバーグのソース、煮込み料理がぐっとおいしく仕上がります。

【おすすめ料理】
ミートソース

ヤマト醤油味噌

石川県金沢市大野町4丁目イ170番地
TEL：076-268-1248
https://www.yamato-soysauce-miso.co.jp/
※見学可

米味噌 KOME MISO

有機味噌への揺るぎないこだわり

マルカワみそ（福井）

福井県越前市にあるマルカワみそは、大正3年（1914年）創業。国産、オーガニック、無添加の原料を使用することを基本方針にしています。良質な原料を作るためには自然に逆らわない土作りが大切だと、自社農園で原料となる大豆を農薬や化学肥料不使用で栽培、水は近隣の日野川の伏流水が自然にろ過された地下水を使用、さらに麹造りに欠かせない麹菌は自家採種しています。

かつて味噌蔵では麹菌の自家採種が一般的に行われていましたが、手間と時間がかかる割には品質が安定せず大量生産には不向きという欠点が。そのため明治以降には純粋培養の技術が積極的に導入され、専門業者から購入するのが一般的になったため、現在でも自家採種をしている蔵元はとても珍しいと思います。
　今では全国で生産されている味噌の生産量の1パーセントといわれている希少な木桶仕込みの製法も継続しており、すべて自然に任せた天然醸造で非加熱という徹底したこだわりを持っています。ここまでこだわる理由は、「自分たちが食べたい商品をお客さまにもご提供したいから」と、前社長（9代目）の河崎宏さんの次男で工場長を務める紘徳《ひろのり》さんは言います。味噌造りへの強いこだわりを持っているけれど、柔らかい口調で腰の低いその人柄に、人として学ぶべきことがたくさんあると感じました。

米味噌
MISO KOME

おすすめ味噌
未来
400g　1512円

【種類】米味噌
【配合】17割麹、食塩相当量10.9g
【色】赤色（熟成期間10カ月）
【甘辛】甘 ─┼─┼─◆─┼─┼ 辛

農薬や肥料を使わない自然栽培のこだわり原料を使用。優しい味が特徴で、料理に使用した際は砂糖少なめでも甘味がしっかり感じられます。“味噌は水でのばせば醤油のように使用できる”ので、家庭の定番料理にもいろいろ使って、我が家の味を作ってもらいたいです。

【おすすめ料理】
親子丼

マルカワみそ
福井県越前市杉崎町12-62
TEL：0778-27-2111
https://marukawamiso.com/
※見学不可

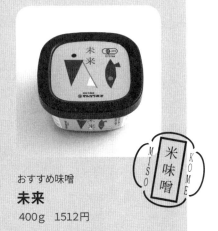

東海

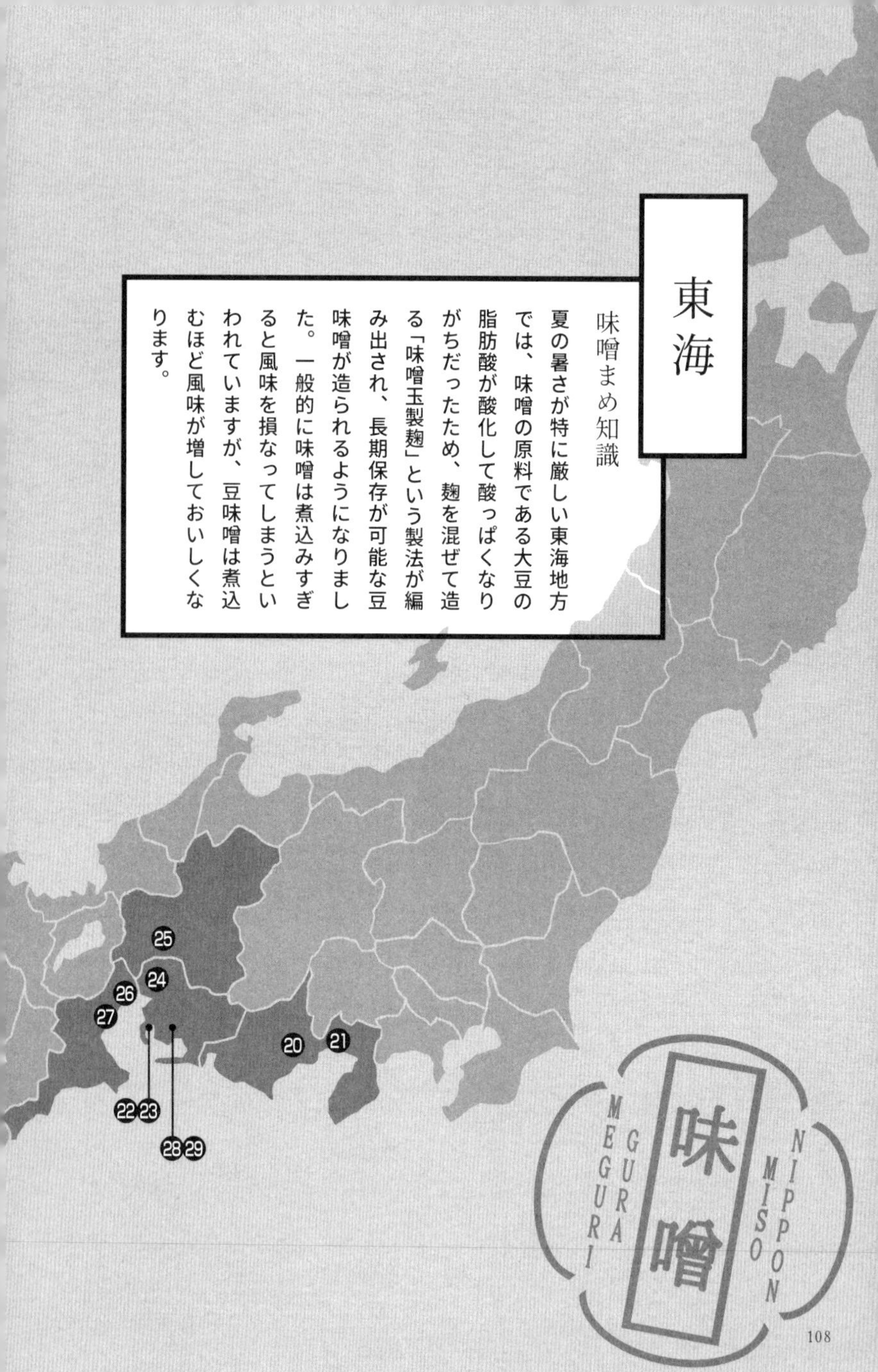

味噌まめ知識

夏の暑さが特に厳しい東海地方では、味噌の原料である大豆の脂肪酸が酸化して酸っぱくなりがちだったため、麹を混ぜて造る「味噌玉製麹」という製法が編み出され、長期保存が可能な豆味噌が造られるようになりました。一般的に味噌は煮込みすぎると風味を損なってしまうといわれていますが、豆味噌は煮込むほど風味が増しておいしくなります。

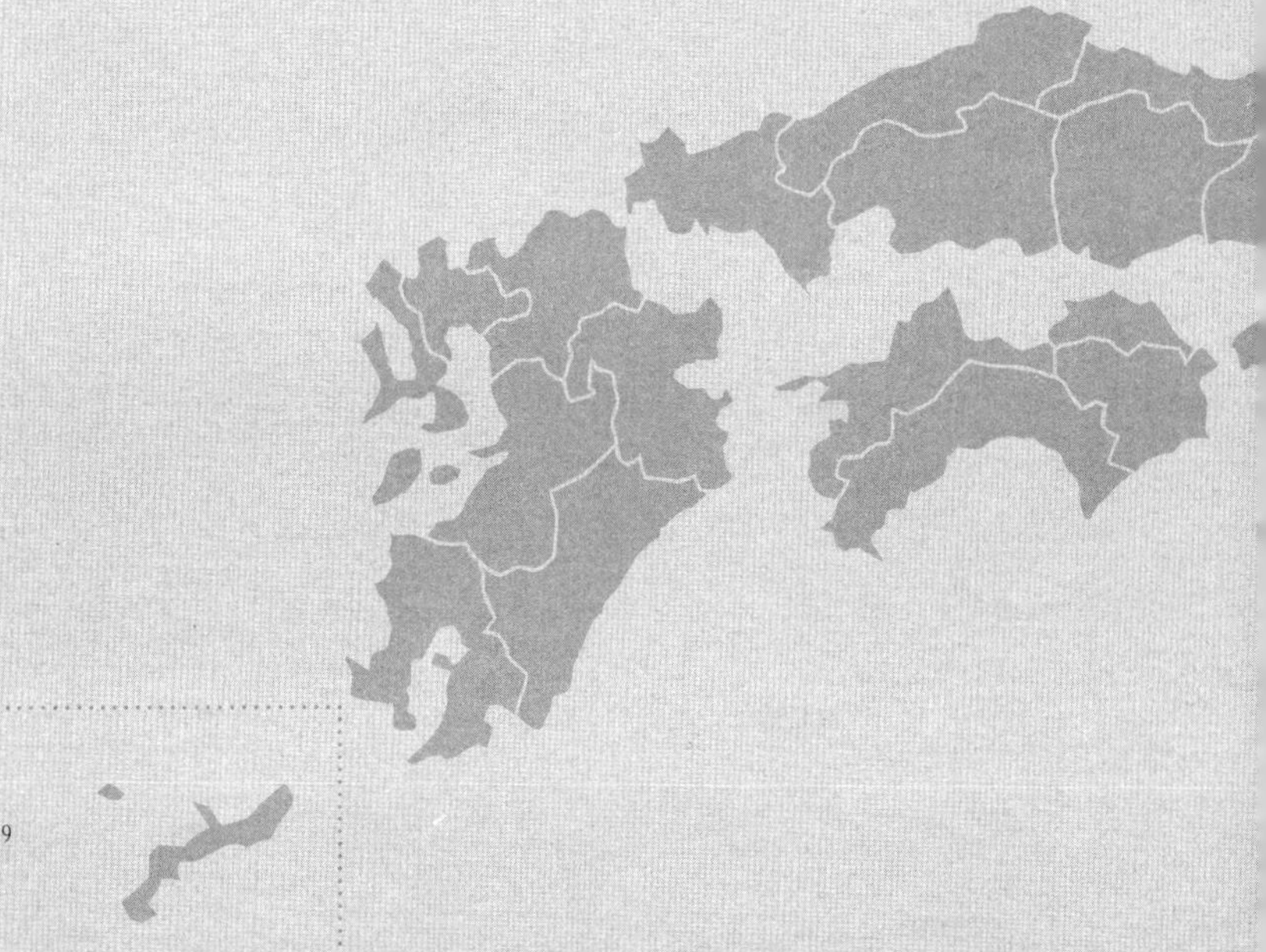

米味噌
MISO KOME

ひと目惚れしたあの子

末永園（静岡）

コロナ禍で思うように味噌蔵めぐりができなかったとき、「せめて今までお会いしたことのない味噌蔵さんとＳＮＳを通じてつながることができたら……」と考えて、２０２１年新年、全国から味噌商品を集めてInstagramに掲載する「全国みそカタログ」を始めることにしました。

その最初の撮影時に集まった味噌の中で「この子が気になる！」とひと目惚れしたのが末永園の「米こうじ味噌」でした。柔らかい栗色をした見た目は、例えるならリカちゃん人形のお友達で金髪ロングヘアのティモテみたいにおしゃれで上品な感じ（私は幼少期にティモテが大好きでした！）。「可愛らしい！」と、ドタイプな子（味噌）

に出会えてテンションが急上昇したのをよく覚えています。

末永園は静岡市駿河区の旧東海道沿いにある大正九年（1920年）創業の麹専門店。使用している麹菌は糖化力の強いものを選ばれているそうで、万能調味料の「醤油こうじ」は、みたらし団子のたれのようなまろやかな甘味です。

コロナ渦にInstagramをきっかけにつながり、ようやく蔵を訪問できたのは2022年5月のことでした。もとはお茶製造から始まっているそうで、4代目の末

4代目の末永和己さん

永和己さんは県立農林短期大学茶業科（当時）を卒業後、21歳で家業を継ぎ40年目になります。見た目も口調もとても穏やかな末永さんですが、実は空手の黒帯2段の保有者！　味噌造りをされている方の経歴はバラエティーに富んでいて、お話しするのが面白いなぁと思います。茶葉と並行して、「1グラム単位で購入可能」という量り売りの味噌や麹の販売、近隣の農家や各家庭からの味噌の委託製造も少量から請け負うほか、全国の料理教室の先生からの多量の麹の注文にも対応しています。

「定番の味噌も大事にしつつ、こだわりの味噌も造っていこうと思って」。そう話してくれた末永さん。黒千石大豆という、一度は絶滅したと思われていて近年復活した、小粒で希少な大豆を使用した黒千石大豆味噌を造ったり、ＦＴＷ式ビューラプレートという特殊なセラミックプレートで発酵を促したりするなど、独自の視点で味噌造りをしています。

工場には70〜80キログラムの仕込みができる小さめの縦長の木桶が約10本ありました。末永園を訪問する直前、別の場所で木桶職人さんから「味噌屋の木桶は縦長のものが多いんだよ」と聞いたばかりだったので、まさにそのとおり！　お米を計量するときに使うという容器も取手付きの木桶です。ちなみに塩麹を造るのも木桶だそうで、長年使い込まれた木の道具は私にとって〝萌える〟ものばかり。ひと目惚れした末永園さんは、やっぱり私の心を不思議と和ませる造り手さんだと再確認しました。

全国の味噌蔵を訪ね歩いていますが、味噌の味わいと造り手の性格は似ているなと感じることがよくあります。造り手を知ると味噌を味わう楽しみ方もぐっと増えるのです。こうして現場に足を運び、直接見たり聞いたりした情報を伝えることで、多くの方に味噌を取り入れた生活を楽しんでほしいな、とあらためて思いました。

米味噌
MISO KOME

おすすめ味噌

米こうじ味噌

450g　340円

【種類】米味噌
【配合】10割麹、食塩相当量12g
【色】淡色（熟成期間2～6カ月）
※3カ月がベスト
【甘辛】甘 ┼─┼─┼─◆─┼ 辛

柔らかい栗色をした色味がほかの味噌にはない特徴、思わず声をかけたくなる可愛さです。お湯に溶いてもミルキーな見た目で癒やし力抜群。色のイメージどおり栗との相性良く、栗の茶巾絞り（栗きんとん）やモンブランのクリームに合わせても◎。

【おすすめ料理】
栗の茶巾絞り（栗きんとん）

末永園

静岡県静岡市駿河区国吉田4-12-6
TEL：054-265-3085
https://www.suenagaen.co.jp/
※見学不可

調味味噌 CHOUMI MISO

ひたむきに学びを深める

神戸醤油店（静岡）

日本最高峰の富士山を望む静岡県富士市にある神戸《かんべ》醤油店。詳しい創業年はわからないそうですが、昭和の初めのころに味噌造りを始めたといわれています。その4代目にあたる神戸邦明さんは、味噌蔵さんの中でもひときわ熱心に学びを深めている方。「もっといろいろなことを知って、おいしい味噌を造りたい！」というひたむきな思いを原動力に、積極的にほかの味噌蔵さんを訪ねて回っています。もともとは家業を継ぐつもりがなく、40歳を過ぎてから本格的に味噌造りに携わるようになったそうで、「継ぐと決めてから間もなく先代の父が他界してしまい、どうしたらお客さまに満足してもらえる味噌を造れるのかと悩んだ結果、行動に移しただけです」とご本人は言っています。ですが味噌業界は職人の世界なので、こうした交流は一般的ではありません。だからとても勇気がいることだと思うのです。自分でさまざまな蔵に連絡を取って話を聞きに行くだけでなく、海外から見学に来る方のために海外輸送や輸出についての知識を集めて準備するなど、自分にできることを一生懸命やり続ける姿勢は、いつも応援したくなります。

そんな神戸さんが造るのは、ふわっと良い香りが広がる味噌。富士山の伏流水を使って仕込んだ味噌と金山寺味噌は、富士ブランド認定商品にもなっています。

調味味噌
CHOUMI MISO

おすすめ味噌

金山寺味噌

120g　220円

【種類】調味味噌
【配合】食塩相当量12.5g
【色】淡色（熟成期間1カ月）
【甘辛】甘 ┼─┼─┼─◆─┼ 辛

糖類などの添加物を一切加えず、昔と変わらない製法にこだわった金山寺味噌。甘くない辛口タイプなのでオイルベースのパスタにとても使いやすいです。プチプチの食感は具材にもなるのでシンプルにそのままでも良いですし、お好みで野菜を加えてもおいしいです。

【おすすめ料理】
ペペロンチーノ

神戸醤油店

静岡県富士市北松野371
TEL：0545-85-2428
https://kanbe-shoyu.jp/
※見学不可

豆味噌

MAME MISO

真っすぐな〝若〟の志を応援したい

南蔵商店（愛知）

豆味噌を造る蔵で最初に訪れたのが、愛知県武豊町にある南蔵《みなみぐら》商店です。食に詳しい知人から、「南蔵商店の豆味噌はおいしいし、蔵が立派」と聞き、すぐに出かけてみることにしました。明治5年（1872年）創業の南蔵商店は、豆味噌と溜まり醤油を製造。大きな木桶が全部で85本ずらりと並んでいるのが印象的で、その光景にまず感動します。豆味噌の木桶はそのうちの25本です。

豆味噌には、蒸し大豆に豆麹と塩を加えて造る方法と、大豆すべてを豆麹にして塩のみを加える方法とがあります。後者は伝統製法で、全麹仕込みと呼ばれます。南蔵

南蔵

南蔵
青木弥右エ門

商店の豆味噌は全麹仕込み。大豆の浸漬《しんし》（水に浸すこと）と蒸しの状態で味噌全体の水分量が決まるため、この麹造りが3年後の完成の要となるそうです。

「品質管理を徹底し、いくらデータを取っても二度と同じ製品はできないと感じるから、豆味噌造りは一期一会の世界だと思っています」と話してくれたのは、5代目の青木弥右エ門さん。蔵を継ぐと弥右エ門さんを代々襲名するのも、この蔵の特徴の一つです。

蔵の見学をしていると、ほかの蔵では見たことのない大きな石が積まれていることに気がつきました。この石を使うのも豆味噌の特徴であり、重しを載せることで少ない水分を全体に均一に行き渡らせるようにしているのです。

1つの桶の中には6トンの豆味噌が仕込まれていて、先代から使われているという1個5〜6キログラムの川の天然石が約1.5トン載っています。はしごを登らせてもらい表面を見てみると、うま味が凝縮された液体「味噌たまり」がじわりと染み出していて、味見をすると数滴なのに口いっぱいにうま味と風味が広がりました。

「めちゃくちゃ、おいしい！　豆味噌はうま味の塊だ！」
私の中で味噌への興味がますますわいてきた瞬間でした。

伝統的な製法で豆味噌を造る南蔵商店を初めて訪ねたとき、弥右エ門さんの息子で6代目になる良之《よしゆき》さんに、「蔵を継ぐことは、いつ決めたのですか？」と質問しました。返ってきたのは「幼いころから蔵や味噌製造を見てきたので興味があったし、やりがいがあると感じていたので、ずっと継ぐつもりでいましたね」という答え。その言葉に迷いはありませんでした。続けて、「海外への視点も必要になってくると思うので留学もしましたし、そういう経験をさせてくれる両親に感謝しています」。

当時24歳とは思えない落ち着いた口調。真っすぐ答えてくれた姿が印象的で、こういう志を持っている〝若〟（蔵の跡継ぎを、私は〝若〟と呼んでいます）に私ができることは何だろうか、と胸が熱くなりました。

そんな初めての出会いから2年後の2018年。私が主催した生産者と消費者を紡ぐイベント「醸すパーティー」の第2回ゲストとして、良之さんにお越しいただくことになりました。大勢の前で話をするのはこれが初めてとのことでしたが、それを全く感じさせず、豆味噌は大豆自体に麹菌を振りかけて塊にしてから塩と一緒に仕込むことや、3年熟成するとチロシン（うま味成分であるアミノ酸の一種）が目でも確認できる味噌が出来上がることなどをわかりやすく説明してくれた良之さん。「父を見ながら毎日修業しています。一つずつの作業が全部大切で……。まだまだですが、おいしい豆味噌を造れるようになりたいです」と、熱い思いを語ってくれました。

イベントが無事に終わった後、一人ひとりに丁寧にお辞儀をしながらお礼を伝える良之さん

左から５代目の青木弥右エ門さん、裕子さん夫婦と“若”こと良之さん

の姿を見て、「あふれる思いを持った蔵元さんの言葉が消費者の皆さんに直接届いてほしい」「味噌の魅力や使い方を多くの人にもっと知ってほしい」と思った私。蔵元さんとお客さんが触れ合う機会は意外と少ないと知ったから、こういう機会をもっともっと増やしたい。私にできることは何でもやろう――。

同世代のひたむきな思いに大きな刺激を受け、日本各地で奮闘する〝若〟たちに会うことも、私の味噌蔵めぐりの大きな楽しみになりました。

MISO 豆味噌 MAME

おすすめ味噌

里の味　つぶ

500g　760円

【種類】豆味噌

【配合】全麹、食塩相当量11g

【色】焦茶色（熟成期間3年）

【甘辛】甘 ┼─┼─◆─┼─┼ 辛

豆味噌は味噌の中でも酸味を感じやすいのですが、コク・うま味・酸味・苦味のバランスがとても良い一品。汁物にするとコクやうま味がありながらもすっきりした味わいに。ホイコーローやマーボー豆腐など豆板醤（トウバンジャン）を使うレシピにとても合うので、いろいろと試していただきたいです。

【おすすめ料理】

ホイコーロー

南蔵商店

愛知県知多郡武豊町里中58番地

TEL：0569-73-0046

https://minamigura.com

※見学可（20人以下、要事前予約。夏季を除く）

豆味噌
MAME MISO

優しさと強さを感じる木桶の蔵

中定商店（愛知）

明治12年（1879年）創業の中定商店《なかさだ》がある愛知県武豊町は、千葉県銚子市、兵庫県たつの市と並んで全国三大醸造郷と呼ばれています。歩いて回れる距離に5つの蔵が密集しているのですが、そのすべてが木桶仕込みという希少で珍しい地域です。

この町の5つの蔵の魅力を伝えるキャンペーンが行われた際には、私も味噌やたまり醤油のレシピ考案や料理講座などを担当させていただいたことがあります。ちなみに116ページで紹介している南蔵商店も、この武豊町の5つの蔵の1つです。

中定商店は、全国の木桶味噌蔵の中でもひときわ大きな木桶があることが特徴で、6尺、6・5尺、8・5尺（8・5尺桶は高さ2・55メートル、豆味噌は13トン仕込め

中定商店（愛知）

る）の木桶を備えています。薄暗い蔵の中に見上げるような大きな木桶が澄んだ空気に包まれて静かに並ぶ様子は、どこか厳かな雰囲気が漂っていて、他の味噌蔵さんにも多くのファンがいるほど。私が味噌蔵めぐりの様子を紹介する際によく使用している写真は、中定商店の蔵を見学中に同行していた方がなにげなく撮影してくれたものなのですが、とても気に入ってプロフィール写真としても使用しています。

味噌の仕込みに使用しているメインの蔵は丸太を柱にした小屋造りで、大きく立派な木桶は蔵の中で作られたそう。数ある蔵のうち、先人たちが使用していた道具や資料などが展示してある「醸造伝承館（大五蔵）」と、味噌商品の買い物ができる「本蔵（昭二蔵）」、イベントスペースとして利用されている「昭三蔵」の3棟は、国の登録有形文化財として登録されています。

「麹は豆味噌の味や香りを決める大切なもの。私たちの仕事は菌が心地良いと思う環境を整えることなのです」と話す6代目の中川安憲《やすのり》さん。

濃厚なうま味が持ち味の豆味噌の魅力をもっと知ってもらいたい、それには体験してもらうことが大事だと考えていて、豆味噌の手造り教室や各種イベントも多数手が

6代目の中川安憲さん、やよいさん夫婦

けています。創業１４０周年を迎えた２０１９年には、創業当時からずっと使ってきた古い木桶３本を解体して１本の新桶を作り、その制作過程を撮影したビデオ上映会なども行ったそうです。

私が講師を務めている味噌造り体験イベントの豆味噌部門でも、毎年のように中川さんに協力してもらっています。それだけにとどまらず、全国の味噌蔵と一緒に実施するイベントにも積極的に参加してくれる中川さん。蔵同士の横のつながりを深める意味でも、とても心強い存在です。

豆味噌 MAME MISO

おすすめ味噌

宝山味噌・粒

450g　691円

【種類】豆味噌
【配合】全麹、食塩相当量10.7g
【色】焦茶色（熟成期間３年）
【甘辛】甘 ┼┼◆┼┼ 辛

パンチのあるうま味の強い豆味噌は、甜麺醤（テンメンジャン）の代用として中華料理に大活躍。ピリ辛のタンタンメンに加えるとおいしさが格段にアップします。ラーメン屋さんにおすすめするなら外せないラインナップ。香りが良いのでお弁当のおかずの味付けにも◎。

【おすすめ料理】
タンタンメン

中定商店

愛知県知多郡武豊町小迎51
TEL：0569-72-0030
https://ho-zan.jp/
※見学可

豆味噌
MAME MISO

逆転の発想でパン作りにも挑戦

佐藤醸造（愛知）

パン人気が増す近年、今までと違った形で味噌をPRするためにパン屋さんを始めたのが、愛知県あま市七宝町にある明治7年（1874年）創業の佐藤醸造です。「七宝みそ」の名前で親しまれているこの蔵を見学に訪れた子どもたちの多くが、「朝食はパン！」と答えることに気づいた6代目の佐藤亮治《あきはる》さんが、「味噌といえば米だけど、味噌とパンでも良いのではないか？」という逆転の発想でパン作りに挑戦することを決意。佐藤さんの妻の明美さんが中心になり、試行錯誤を重ねて商品化までこぎ着けたそうです。

2021年春には、長年の夢であった直売所「あまの蔵」と高級食パン専門店「海《あ》部《ま》のくちどけ」をオープン。加熱殺菌していない出来立ての生味噌をはじめとする各種味噌の量り売りのほか、直営施設で粉から作るパン、味噌や醤油をベースにした各種調味料など、さまざまな味噌関連商品の販売をしています。

クッキー生地の部分に豆味噌を練り込んだ大人気の「七宝みそパン」は、表面はサクサクなのに中はしっとり柔らか。味噌とバターの甘じょっぱい風味がクセになる進化系のメロンパンです。そして、もう一つの人気商品「味噌食パン」は塩を一切使用せず、味噌の味を感じてもらえるように何度も試作を繰り返したそう。豆味噌の水分

量を計測し、状態を見ながら配合の微調整をするというこだわりです。トーストすると味噌の香ばしさが感じられてよりおいしくなるので、ぜひ試してもらいたいです！

パンにも使用している豆味噌は木桶を使用し、1年半〜2年の熟成期間を経て造られます。創業当時から同じ木桶を使用しているそうですが、仕込む前には高圧洗浄機は一切使わずに従業員さんが毎回、デッキブラシやたわしを使って手作業で丁寧に磨いて大切に扱っていると教えてもらいました。

整然と並んでいる木桶を見ていて気づいたのですが、底のほうに液体を出すための栓が付いています。聞けば、もともとは地元の酒蔵さんが使っていたものを譲り受けたものだとか。佐藤醸造がある愛知県北西部の尾州地区は、古くから酒造りも盛んな地域。こんなところからも地域のつながりを感じることができました。

佐藤醸造では、6代目・佐藤亮治さんの弟で、海外経験豊富な吉田泰規《やすのり》さんが中心になって年に何度も海外の展示会へ出展するなど、輸出の販路拡大にも力を注いでいます。2022年には新ブランド「KAKUMARUSA」を立ち上げ、これまで以上に積極的に海外に向けての発信に力を注いでいる吉田さん。私も、「木桶仕込み味噌輸出促進コンソーシアム」に携わっていた際にはとてもお世話になりました。

一人ひとりの強みを理解し合って未来を描き、邁進しているこの蔵の今後の展開がますます楽しみです。

豆味噌
MAME
MISO

おすすめ味噌

天然醸造
無添加豆みそ

750g　964円

【種類】豆味噌
【配合】全麹、食塩相当量10g
【色】焦茶色（熟成期間1年半〜2年）
【甘辛】甘 ┼─┼─◆─┼─┼ 辛

柔らかな香りとなめらかなテクスチャーの豆味噌で、干しブドウやチョコレートと相性◎。赤ワインやウイスキーに合わせるような、ちょっと大人な料理に合うので、洋食はもちろん、海外向けに味噌料理を提案する際に推したい、メニュー考案の想像力をかき立てられる味噌です。

【おすすめ料理】
チョコレートムース

佐藤醸造
愛知県あま市七宝町安松縣2743番地
TEL：052-444-2561
https://www.shippomiso.com/
※事前問い合わせで見学可の場合あり

豆味噌 MAME MISO

体験を通して味噌の魅力を伝える

芋慶（岐阜）

２０２２年に味噌組合を通して発信し、設立時に私も携わった「木桶仕込み味噌輸出促進コンソーシアム」のメンバー募集をきっかけに出会ったのが、岐阜県岐阜市にある明治10年（１８７７年）創業の芋慶《いもけい》の６代目、木方庸一朗《きほうよういちろう》さんでした。事務所のトイレ掃除が日課で、地元の消防団に18年間参加している２児のパパさんです。

オンラインミーティングでのパソコン越しでの受け答えやメールの返信からとても丁寧な人柄を感じていましたが、実際にお会いしたご本人は本当に腰が低く、一つひとつ丁寧な方でした。想像と違ったのは、実はとってもとってもとーってもおしゃべりだったこと。味噌蔵バラエティートーク番組があったら、絶対ひな壇の最前列に座ってほしい方です（笑）。

「このスタイルでやらないと落ち着かないので！」と言って、ワイシャツ&ネクタイ姿に前掛けを巻いた木方さんに迎えられて始まった工場《こうば》見学。初めて訪れた日は本当に素晴らしい澄んだ青空で、2020年に改修したという9メートルの立派な長い蔵が映える景色でした。木方さんが特に力を入れて説明してくれたのが、米味噌造りよりも大豆の吸水時間が短く、水の温度と大豆の様子を見ながら浸漬《しんし》時間（水に浸す時間）を調整する「限定給水」という手法を取り入れていること。寡黙な祖父の後ろ姿を見ながら、2年間かけてそのタイミングを覚えたと教

6代目の木方庸一朗さん、愛子さん夫婦

えてくれました。

蔵内に木桶は40本。第二次世界大戦で蔵が焼けた後にいろいろなところから集めたという木桶の中には、私が今まで味噌蔵めぐりで見た中でいちばん大きい3メートル級サイズ、8トン仕込む巨大木桶もありました。


「味噌の魅力をもっと知ってもらいたい」と、幼稚園児や地域の方々を対象にした味噌造り講座や味噌玉作りのワークショップなどにも力を入れている木方さん。奥さまの愛子さんとはとっても仲良しで、大阪の阪神百貨店で開催された「木桶による発酵文化サミットin阪神」の際には、味噌玉作りのワークショップを二人で一緒に開いてくれました。

ワークショップで作る味噌玉は、味噌にだしと乾燥具材を混ぜて丸めたもの。お湯を注ぐだけでインスタント味噌汁として楽しめるのですが、木方さん夫婦の味噌玉はカラフルで可愛くて、まるでチョコレートのよう。しかも驚いたのが、参加者の方が作業しやすく、そして楽しめるようにと、味噌や乾燥具材を1種類ずつパッキングするなど事前に段取りを考えて細やかに準備をしていたことです。思いやりあふれるお二人らしさを感じました。

20代の若手を含む13人の従業員さんと、豆味噌料理や味噌玉作りを通して味噌の魅力を一生懸命に紹介している愛子さん、そして地域と身近な人たちに惜しみなく愛情を注ぐ庸一朗さん――とても穏やかな空気が流れるこの蔵の居心地の良さは、木方さんと彼を慕う人と、蔵に棲み着く微生物がつくり出しているのだと感じました。

豆味噌 MISO MAME

おすすめ味噌

岐福味噌

450g　640円

【種類】豆味噌
【配合】10割麹、食塩相当量9.7g
【色】焦茶色（熟成期間1年半～2年）
【甘辛】甘 ┼┼◆┼┼ 辛

地元の小学生が名づけたという「岐阜×福」の商品名は「岐阜県産大豆（ふくゆたか）で仕込んだ地元の豆味噌を食べると幸せ（幸福）になれますよ」という思いが込められています。グッと濃い強さのある豆味噌の香りは加熱すると芳醇になり、味を染み込ませる大根などの煮物に合わせると絶品。

【おすすめ料理】
いなり寿司

芋慶

岐阜県岐阜市芋島2-2-22
TEL：058-245-1217
https://imokei.co.jp/
※見学可

豆味噌
MISO MAME

建物も機械も手造りの本格派

伊勢蔵（三重）

大正3年（1914年）創業、三重県四日市市にある伊勢蔵《いせぐら》の豆味噌は、ほかの豆味噌に比べて優しい印象。豆味噌特有の苦味や酸味がないので、豆味噌初心者の方に特におすすめです。そしてもう一つの特徴は、工場《こうば》の建物も機械も手造りが多いということです。それもちょこんとした、いかにも手造りといった趣の機械ではなく、本来なら専門のメーカーさんが造るような大きくてしっかりした機械なのです。そのほとんどを手がけたのが、5代目の式井一博さんの祖父にあたる3代目。まさに発明家です。

当時はなかなかなかなかったであろう、大豆を蒸した後に冷却するための縦横2〜3メートルほどのコンベアを、細かな部品を集めて手造りしてしまったり、熟成発酵させるための保管庫をからくり扉のような仕組みで造ってしまったり……。蔵の中を歩くとそのすごさを感じます。3代目は、合わせ味噌や当時まだ珍しかった白醤油も造っていたそうで、「アンテナがとても高くて行動力がある祖父だった」と、式井さんは振り返ります。

3代目だけでなく、式井さんの父にあたる4代目の康裕《やすひろ》さんも負けてはいません。長野県の廃業する味噌蔵から譲り受けて移設した角室《かくむろ》（麹造りをする部屋）を、麹の量が少なくても多くても均一に造れるように、これまた手造りで空調を工夫したのだと

5代目の式井一博さん

か。式井家は、ものづくりが大好きな器用な人たちばかりなのです。

現当主、5代目の式井一博さんと知り合ったきっかけは、2012年から年に1度開催されている香川県小豆島の「木桶職人復活プロジェクト」で、その初期からご一緒しています。式井さんは味噌のイベントなどにチームの一員として携わるときも、1対1のときも、どんな場面でも真っすぐ向き合ってくれる方。その人柄は、お会いするたびにカッコイイなぁと心底思ってしまいます。「優しくて頼もしい！ こんな方はなかなかいない！」といつも憧れてしまうのです。

そしてもう一人、私はここで、皆が「兄貴」と慕う方にも出会いました。それが、式井さんとともに参加していた三重県醤油味噌工業協同組合の服部琢也さんです。服部さんは三重県内のほぼすべての蔵元さんとつながっていて、三重の味噌については聞けば何でも答えてくれる方。「三重県内の味噌蔵は、困ったり情報を求めたりしているときにはいつも服部さんに相談するんですよ」と式井さん。

味噌蔵と組合——立場は違うけれど味噌でつながるこのような厚い信頼関係が日本中の各県にもできたらすてきだな、といつも思っています。

豆味噌
MAME MISO

おすすめ味噌

豆麹味噌

1kg　920円

【種類】豆味噌
【配合】全麹、食塩相当量11.9g
【色】焦茶色（熟成期間1年）
【甘辛】甘 ┼─┼─◆─┼─┼ 辛

豆味噌の中では柔らかめのテクスチャー、クセなく優しい味わいで豆味噌初心者の方にもおすすめです。チョコレートを思わせる香りは、デザートはもちろん、ベリーと一緒に軽く煮てお肉のソースにしてもよく合います。味噌の可能性を広げてくれる、シェフたちからも愛される味噌。

【おすすめ料理】
牛肉のグリル　ベリーソース

伊勢蔵

三重県四日市市泊町12-3
TEL：059-345-3483
https://www.isegura.com/
※見学可（要予約）

豆味噌
MAME MISO

3年半の時が生み出す味わい

東海醸造（三重）

江戸時代中期の元禄年間（１６８８年〜１７０４年）創業の東海醸造は、日本の各方面からの伊勢神宮への参拝道として整備された三重県鈴鹿市の伊勢参宮街道沿いにあります。鈴鹿市といえば今では鈴鹿サーキットで有名ですが、その昔は紀州藩のバックアップを受けて江戸からの物流が盛んだったそうです。

１月後半の寒い時期にもかかわらず、快く案内を引き受けてくれたのはスタッフの本地猛《もとじ》さん。蔵内は豆味噌特有の、長期熟成ならではの濃度の濃い香りに包まれていました。32本ある木桶のうち現在は20本弱を使って豆味噌を製造しており、それらは主に小中学校の給食に提供されています。

鈴鹿市では市の条例で地産地消を推していて、実際に食べるだけでなく、大豆農家さんもお呼びして蔵を見学するなど、食育に力を入れています。そのため、東海醸造にも多くの小中学生が見学に訪れるのですが、本地さんは見学後にもらった子どもたちの感想文を丁寧に読んでいて、できるだけ返事を書いていると教えてくれました。デジタルの時代でも、このような手書きの文字のやりとりがあることはとてもすてきな思い出になるなぁと、その思いやりに心を打たれました。

豆味噌の蔵では仕込んでから1〜3年寝かせるところが多いのですが、木桶で3年半以上静かに寝かせるのが東海醸造の豆味噌造りの特徴です。途中、天地返し（発酵の進み具合を均一にするために桶の味噌を出して上下を入れ替える作業）はしません。表面にあった水分が長い時間をかけて全体に吸収され、出来上がりのころには、うま味が凝縮した液体の「たまり」が表面から10センチメートルほど上がってくるそうです。これをポンプで抜いてから中の味噌を掘り出し、乾燥具合を確認しながら先に抜いておいたたまりを振りかけて、経験をもとに全体がしっとり柔らかになるように調整していきます。うま味成分のチロシンは一般的には白い

本地猛さん

のですが、３年半以上の時を経た東海醸造の豆味噌の中に見えるチロシンは、きび粒のようにちょっと黄味がかった色になっているのも特徴です。

「夏を３回越えてから本当のおいしさが生まれてきますね。塩慣れしてまろやかさが出てくるので、やっぱり夏を３回越すのが大事」と本地さんは話していました。

常に製造現場にいるのは本地さんを含めて４人とのことですが、これからも３００年以上前から続くこの蔵の味を未来に紡いでいってほしいと願っています。

MISO 豆味噌 MAME

おすすめ味噌

すずかの粒味噌

500g　747円

【種類】豆味噌
【配合】10割麹、食塩相当量11.9g
【色】焦茶色（熟成期間３年半以上）
【甘辛】甘 ┼─┼─◆─┼─┼ 辛

開封すると部屋中に広がる力強い香りと味わいが印象的な豆味噌。天然醸造で３年半以上という長期熟成、うま味とコクは群を抜いています。酒やみりんなどと合わせて柔らかくすると甜麺醤（テンメンジャン）のように使えるので、特に中華料理に合わせるのがおすすめです。

【おすすめ料理】
マーボー豆腐

東海醸造

三重県鈴鹿市西玉垣町1454
TEL：059-382-0001
http://www.tokaijozo.com/
※見学不可

Column

八丁味噌

愛知・岐阜・三重の東海3県は、昔から大豆と塩を原料とする豆味噌の産地として知られています。この豆味噌の一つが「八丁味噌」です。愛知県岡崎市にある岡崎城から西へ八丁（約870メートル）の距離にある八丁町（旧・八丁村）で造られてきたことから、その名が付きました。

旧東海道を挟んで蔵を構える2軒の老舗（カクキュー八丁味噌、まるや八丁味噌）が、江戸時代初期からの変わらぬ製法で八丁味噌を今も造り続けています。

その製法は、時間をかけて丁寧に造るのが特徴。天然の川石を円錐型に積み上げて重石にし、木桶仕込みの天然醸造で2夏2冬以上寝かしてようやく完成です。うま味が凝縮した濃厚なコクに、酸味、渋味、苦味が加わり、味わいの奥行きがいっそう広がります。

江戸時代からの味を今も大切に守り続ける

カクキュー八丁味噌（愛知）

正保2年（1645年）創業。先祖は今川義元の家臣でしたが、桶狭間の戦いで今川軍が敗れたのを機に武士をやめ、寺で味噌造りを学んだのが始まりです。当主は早川久右衛門の名を代々襲名し、現在19代目。蔵には約500本もの木桶があります。八丁味噌に関する約4000点の古文書などを収蔵する史料館（旧味噌蔵）は、教会風の本社屋とともに愛知県内初の国の登録有形文化財に登録されています。

愛知県岡崎市八丁町69番地
TEL：0564-21-1355　https://www.kakukyu.jp/　※見学可

伝統の技と味を大事に海外輸出にも力を注ぐ

まるや八丁味噌（愛知）

延元2年（1337年）に初代・弥治右衛門が醸造業を始め、江戸時代から始めた八丁味噌造りの伝統の技と味を今も守り続けています。弥治右衛門の「や」を丸で囲んだマークが屋号の由来。

現代表の浅井信太郎さんは、有機という言葉が一般的ではなかった1980年代から有機味噌の製造を試み、海外輸出にも尽力。蔵には200本の木桶があるほか、2010年からは木桶の新調も積極的に行っています。

愛知県岡崎市八丁町52番地
TEL：0564-22-0222　https://www.8miso.co.jp/　※見学可

近畿

味噌まめ知識

京都のお正月に欠かせないのが白味噌（西京味噌）のお雑煮。食べてみると、だしが利いていて想像よりも甘すぎない味わいです。白味噌といえば発祥の地である京都を思い浮かべる方も多いと思いますが、香川の讃岐味噌や広島の府中味噌など、白味噌の文化圏は京都を中心とした関西地方から中国・四国地方の瀬戸内海岸地域にまで広がっています。

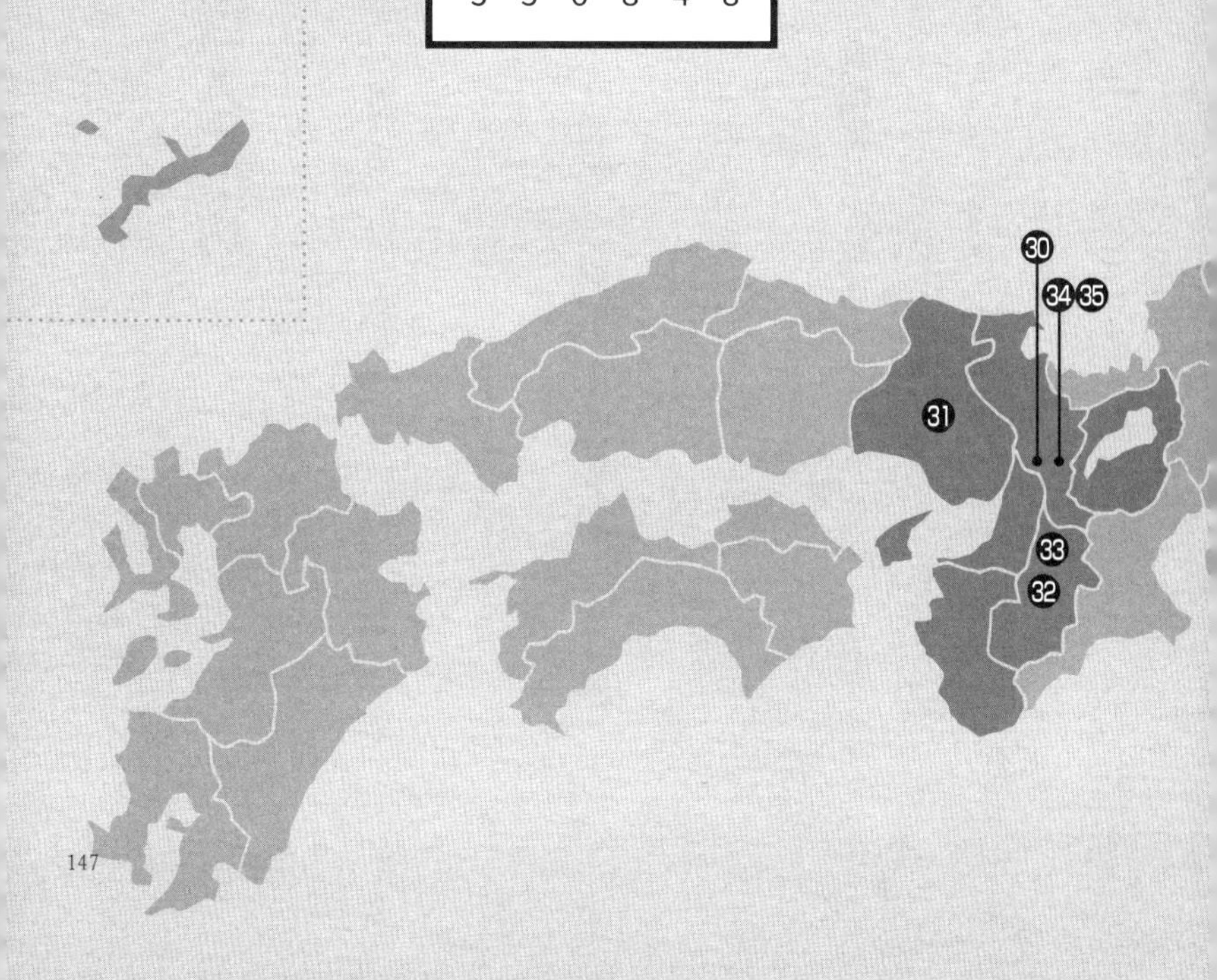

㉚
㉞㉟
㉛
㉝
㉜

米味噌 KOME MISO

木桶で白味噌を造る達人の技

片山商店（京都）

京都府亀岡市にある片山商店は昭和43年（1968年）創業の味噌蔵です。京都駅からJR山陰本線（嵯峨野線）で約30分、最寄り駅の並河駅から歩いて10分ほどのお店に着くと、2代目の片山宏司さんが出迎えてくれました。

当時の私は味噌蔵めぐりを始めたばかり。料理撮影や料理教室など、料理研究家として携わってきたこれまでの仕事とは全く違う状況で、打ち合わせでもない初顔合わせ。緊張しながら、味噌についてはまだ勉強し始めたばかりであること、木桶仕込みの味噌が全国で希少なことを知り、その中でも白味噌はより珍しいようなので知りたいと、一生懸命に伝えました。聞いてくれた宏司さんの「熱い思いをお持ちなんですね」と返してくれた笑顔に、緊張がほぐれたことを今でも覚えています。

宏司さんの父で創業者の片山秋雄さんは、全国の名産品とそれを生み出す名人たちをリポートするＮＨＫの番組「ごちそう賛歌」でも紹介された白味噌造りの達人。福井県の中学校を卒業後に京都市内の味噌屋で修業したのち、佳水の地、京都の丹波・亀岡市で30歳のときに独立し、片山商店を創業しました。

片山さんが造る京丹味噌は、ゆでた大豆に独自の伝統技法で造った米麹をたっぷり加えて木

桶で熟成させ、うま味とまろやかさを引き出した極上の白味噌。店舗には数多くの表彰状やトロフィーが飾られ、その中には片山秋雄さんが2013年度（平成25年度）の京都府「現代の名工」に選ばれたときのものもあります。

最大の特徴は、日本で唯一、木桶を使用した白味噌を造っていることです。白味噌は通常でも色が付きやすく製造過程に気を遣うのですが、木桶だとより色が付きやすくなるため、大豆の加熱具合や保存時の温度管理などがいっそう難しく、まさに職人の技が必要なのです。

おいしい味噌を造るためには、原料である大豆を分解するための麹の力がとても重要です。

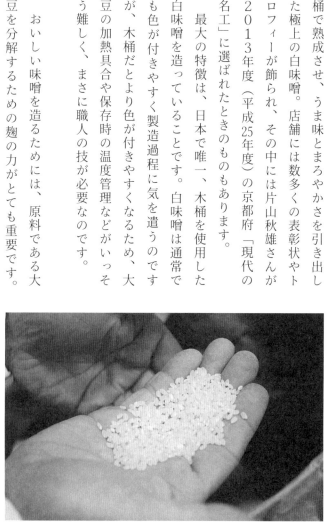

片山さんの米麹造りは、米を良い状態のまま使用できるように自社で精米。甘味が増すように通常よりも米に多く磨きをかけ、精米後すぐに使用します。特にこだわりのある味噌を造るときは、昔ながらの道具（もろ蓋《ぶた》、麹蓋）を使って丁寧に麹菌を繁殖させて米麹を造ります。

白味噌の白い色をきれいに出すには、皮を取り除いた脱皮大豆を使用し、加熱するときは蒸さずに煮ることも教わりました。煮ることで大豆に含まれるたんぱく質と糖分が水の中に流れ出て反応が弱くなることで、味噌が色付きにくくなるのだそうです。

車で数分の貯蔵庫も案内してもらったのですが、169センチメートルの私の背丈よりも大きな木桶と対面し、その存在感に「わっ」と気持ちを奪われました。正直なところ当時はまだ、もろ蓋や木桶などの価値をよくわかっていなかったのだと思います。でも、とにかく何かを感じたのです。

吸い寄せられるように両手で木桶に触れ、思わず「はじめまして、こんにちは。お邪魔します」と話しかけたことだけはよく覚えています。目には見えない何かに、あいさつをしていました。
味見させてもらった白味噌は白あんのようになめらかで、きな粉のような風味とバターを思わせるコクがあり、「これが味噌!?」と衝撃を受けました。

片山商店では現在、５種類の白味噌をベースに20種類の白味噌を造り分けているそうです。白味噌文化の京都ではさまざまな店で白味噌が使われているので、店ごとの要望に合わせて造っているうちに種類が多くなっていったのだとか。白味噌と同じくきめ細かに対応してくれる片山さんの人柄に、京都の料理人も皆、ファンになってしまうのだと思います。

２代目の片山宏司さん

緊張の中にも多くを学んだ片山商店の訪問。見学して話を聞き、味噌についてますますわからないことが増えました。白味噌がおいしかったのはもちろんですが、味噌の活用の可能性や木桶の存在感、知らないことを知ること……新しい出会いから世界が広がる可能性に興奮は冷めやらず。

「もっと、もっと、知りたい！」と、味噌への思いがさらに深まったのでした。

米味噌 KOME MISO

おすすめ味噌

ガチみそ・白

200g　1080円

【種類】米味噌
【配合】20割麹、食塩相当量3.79g
【色】白色（熟成期間1カ月）
【甘辛】甘 ◆─┼─┼─┼─┼─┼ 辛

日本で唯一、木桶仕込みで造られた希少な白味噌。容器の中央部に位置するなめらかな「トロ味噌」は、上品な味わいと美しい白色、人生で一度は試してもらいたい推しの一品です。柚子胡椒や豆板醤（トウバンジャン）とは相性抜群でハマる人が続出。粒マスタードと合わせればドレッシングいらず。トーストにバター代わりに塗っても◎。

【おすすめ料理】グリーンカレー

片山商店

京都府亀岡市大井町並河3-8-11
TEL：0771-23-6665
https://www.kyotanmiso.net
※見学不可（ガチみそオンラインサイトhttps://misotan.jp/gachimiso/での販売のみ）

米味噌 MISO KOME

新桶で仕込む兄弟の新しい挑戦

足立醸造（兵庫）

「味噌仕込みに使用する大桶を2本新調します」

香川県の小豆島で1年に1回開催される「木桶職人復活プロジェクト」に参加したときに知り合った足立醸造の足立兄弟の兄・裕《ゆたか》さんから、2017年の初秋に1通のメールが届きました。姫路から電車とバスを乗り継いで約2時間半。兵庫県のほぼ真ん中にある多可郡多可町、山あいの景色が続く道路沿いに足立醸造の蔵とショップがあり、醸造仲間と年に数回開催するイベントは、オープン前から人が並ぶほどたくさんの参加者でにぎわいます。

明治22年（1889年）創業、有機原料にこだわった天然醸造、木桶で造る醤油が有名な蔵ですが、「木桶絶滅に歯止めをかけたい」と、これからこの蔵を継いでいく足立兄弟（兄の裕さんが製造、弟の学さんが営業を担当※当時）が、若手の桶職人チーム「結い物で繋ぐ会」のメンバーとともに、農薬・肥料を使わない農法で栽培した大豆と玄米で木桶仕込みの味噌を造り始めたのです。

新桶作りを担当したのは、徳島県の桶職人で「司製樽」の原田啓司さん。現在は「結い物で繋ぐ会」の棟梁として、醸造用の新桶作りに積極的に取り組んでいます。

醸造用の木桶はその昔、酒蔵や漬け物屋、醤油蔵を経て味噌蔵に回ってきたといわれていま

兄の足立裕さん（左）と弟の学さん

す。現在は大きな水槽のようなプラスチック容器で仕込むのが主流のため、全く新しい木桶で味噌を仕込んだという味噌蔵は、戦後から現在に至るまで片手の指で足りるほどの数ではないでしょうか。

「情報はほとんどないけれど、とにかくやってみて木桶自体の様子と味噌の出来具合を見ていくしかないよね」と前向きに話していた足立兄弟。初めての仕込みでは、自社製造の米味噌を〝種味噌〟として全体量の1パーセントほど混ぜたそうです。種味噌を加える目的は造りたい味噌に似せるためといわれていますが、「全然似なかったんですよねぇ」と裕さんは笑って話してくれました。

ちなみに、味噌が完成したら木桶を空にして、たわしを使って真水で洗い、次に使うときには1日1回真水を満タンに張り、これを3日繰り返してから仕込みをするのだそうです。

醤油の新桶の場合は木桶感がそれほど強く出ないそうなのですが、1年目の味噌は木桶の風味も思わせる、やんちゃな味わい。2年の熟成を経て塩慣れしてきた味噌は、コクとまろやかさが出て味が落ち着いた印象を受けました。そして、新桶で仕込んだ味噌が発酵熟成の期間を過ごすのが、以前は醤油の木桶が保管されていた場所だからなのか――足立兄弟の造る味噌は、食べた後に鼻に抜ける香りにどこか醤油っぽさを感じました。

2022年には5代目に就任した裕さん、そして兄とともに蔵を支える学さん。未来を担うこの二人の挑戦は、これからも続いていきます。

米味噌
MISO KOME

おすすめ味噌

結 Yui 玄米みそ

450g　1426円

【種類】米味噌
【配合】10割麹、食塩相当量12g
【色】茶色（熟成期間10カ月）
【甘辛】甘 ┼─┼─┼─◆─┼ 辛

木と竹を結うようにして作り上げる木桶。昔から“結い物”とも呼ばれていたことから、2017年に作製した新桶で仕込んだ味噌にその名が付けられました。キレのあるすっきりとした味わいは、脂身の多い豚肉やジビエ、三つ葉や春菊などの香り野菜とも相性ぴったりです。

【おすすめ料理】
豚の角煮

足立醸造

兵庫県多可郡多可町加美区西脇112
TEL：0795-35-0031
https://adachi-jozo.co.jp/
※見学可（10人以上、要予約）

米味噌 KOME MISO

吉野の自然に抱かれた蔵

梅谷醸造元（奈良）

味噌蔵めぐりを始めた8年前の私は、味噌についてほとんど何も知らない初心者。味噌にまつわることなら何でも知りたいという気持ちであふれていました。その中で最初に興味を持ったのが、味噌の熟成に昔から使用されてきた木桶です。「味噌について学ぶなら、木桶のことも知らなくては……」という思いに突き動かされ、吉野杉で有名な奈良県吉野町にも足を運び、山守さん（森を管理する人）から杉が100年近くもの時間をかけて育つことや山の管理の大変さを聞いたことを、今でも懐かしく思い出します。

桜の名所としても知られるこの町の中央部を流れる清流・吉野川上流、宮滝地区にある梅谷醸造元は明治半ばごろの創業。４代目の梅谷清二さんと兄の清嗣《きよつぐ》さんが中心となって、味噌と醤油の製造を行っています。『万葉集』に詠われている吉野離宮があった宮滝地区は、天武天皇や持統天皇がしばしば訪れていたと伝えられる地。四季の寒暖差がはっきりしていて名水が流れていることから、味噌や醤油などの醸造に適した地でもあります。現在は１２０年以上使用しているという大きな吉野杉の木桶１本に、１年に１回だけ大事に味噌を仕込んでいるという梅谷醸造元。桜が咲く春に、また訪れたい蔵です。

米味噌
MISO
KOME

おすすめ味噌

吉野櫻味噌

1kg　756円

【種類】米味噌
【配合】10割麹、食塩相当量11.6g
【色】赤色（熟成期間8～10カ月）
【甘辛】甘 ┼─┼─┼─◆─┼ 辛

蔵名からのイメージで梅が使いたくなるこの味噌は、イワシの梅煮や梅と青紫蘇を挟んだアジやレンコンのフライにするととてもおいしいです。奈良が特産の柿も、お味噌汁にするとカブのような食感で意外に合うので、ぜひ試してください。

【おすすめ料理】
イワシの梅煮

梅谷醸造元

奈良県吉野郡吉野町宮滝262-2
TEL：0746-32-3206
https://www.umetani.jp
※見学可（要予約）

米味噌
MISO KOME

家族が愛する麹たっぷりの白味噌

井上本店（奈良）

江戸時代末期、元治元年（1864年）創業の井上本店は、JR奈良駅から車で6分ほどの住宅街にあります。昭和20年（1945年）ごろに同じ奈良市内にある興福寺の南側、猿沢池に近い今御門町から現在の場所に移転しました。もとは氷屋（冷凍食品の先駆けの会社）だったという、大正時代に建てられたレンガ造りの蔵が特徴です。

現在は、奥さまの実家である井上家の家業を継いだ6代目の吉川修さん、恵美子さん夫婦、そしてお二人の息子である長男の井上修平さん（井上家を継いでいます）と次男の吉川遼さん、修平さんの奥さまの一家5人と従業員さんの合計9人で、国産穀類原料を使用した味噌と醤油造りに携わっています。修さんとは、香川県小豆島の「木桶職人復活プロジェクト」で出会い、会食では隣の席で膝を突き合わせて熱く語り合いました。その後、修平さんと遼さんとも知り合い、木桶の関連イベントではお二人と何度もご一緒しています。

私は全国の味噌の味わいを表現する際、大豆と麹の量が1対1（10割麹）を基準にしていますが、井上本店の赤味噌「五徳味噌」は17割の多麹米味噌です。そして、白味噌の「万葉小町」は40割と驚くほどの麹量！　この多麹の白味噌は、もともとは家族で食べるお正月の白味噌雑煮用に造っていたもので、それを少しだけ店頭販売していたところ人気を博し、今では立派なレギュラー商品になったそうです。

左から、次男の吉川遼さん、長男の井上修平さん、6代目の吉川修さん、恵美子さん夫婦

そしてもう一つ、気になる商品があります。奈良時代に天平人が味わっていたであろう大豆の発酵調味料を、『なら食』研究会代表の横井啓子さんと奈良県産業振興総合センターの支援を受け、奈良県醤油工業協同組合ができるだけ当時のままに再現した「古代ひしお」です。井上本店も試作から製造まで携わっていて、20回を超える試作を経て2010年に商品化されました。こちらもぜひ味わってほしい一品です。

米味噌 MISO KOME

おすすめ味噌

万葉小町

450g　804円

【種類】米味噌
【配合】40割麹、食塩相当量5.5g
【色】白色（熟成期間２週間）
【甘辛】甘 ―+―◆―+―+―+― 辛

40割麹のぜいたくな白味噌は、肌の保水力をアップするグルコシルセラミドもたっぷりなので、お肌のメンテナンスに力を入れたい方はぜひ。鶏肉やホタテなどを合わせたシチューやクリーム煮、パスタならトマトクリームソースにしてもおいしいです。

【おすすめ料理】
鶏肉のクリームシチュー

井上本店

奈良県奈良市北京終町57
TEL：0742-22-2501
https://igeta1864.jp/
※見学可（要予約）

Advice

味噌蔵めぐりのアドバイス【実践編】

◎見学を希望する際は必ず事前に予約を

自分の目で見て、耳で聞いて、直接感じることで、味噌への理解はより深まります。皆さんも、ぜひ本書を片手に日本各地の味噌蔵へ足を運んでみてください。ほとんどの味噌蔵は少人数で製造から配達までの多くの仕事を切り盛りしているので、アポイントなしでの訪問は絶対にＮＧです。中には見学不可の蔵もあります。必ず事前に蔵のホームページなどを確認のうえ、必要に応じて電話やお問い合わせフォームから予約を入れてください。見学するなら６～９月の平日がおすすめ。寒仕込みをする12～３月は蔵の繁忙期のため、訪問はなるべく避けたほうがいいでしょう。

◎マナーは守って！　納豆は厳禁です

見学するのは大事な仕事場。事前の準備とマナーを守ることが大切です。特に納豆菌は味噌造りに重要な麹菌や酵母に影響を与えてしまう可能性があるので、見学前日と当日に納豆を食べるのは控えたほうがいいでしょう。蔵の中には滑りやすい場所や階段もあるので動きやすい服装で、足元はスニーカーが私のおすすめです。異物混入を避けるためシャープペンや消しゴムは使わず、ボールペンでメモを取ることも心がけています。また、蔵の中には開発中の商品や非公開情報がある場合もあります。撮影時やＳＮＳで発信する際には必ず許可を得るのも忘れないでください。

Column

西京味噌

平安時代の華やかな王朝文化の産物である白味噌は、米麹をたっぷり使ったまろやかで上品な甘さと淡いクリーム色が特徴で、当時は砂糖の代わりとして和菓子などに使用されたと伝えられています。その後、普茶料理や懐石料理に欠かせない調味料として発展し、やがて庶民の間にも広まっていきました。

京都で造られる白味噌が「西京味噌」と呼ばれるようになったのは、明治維新以降。都が江戸に移されて「東京」となった際、京都を「西京」とも呼んだことからその名が付いたといわれています。

20割麹、食塩相当量は約5パーセント、1週間～1カ月間ほどの短い熟成期間で出来上がる西京味噌は、お味噌汁だけでなくお正月の雑煮に欠かせない味噌。今も昔も変わらず、京都の人々に親しまれています。

京料理を支えてきた白味噌の代表蔵

本田味噌本店（京都）

天保元年（1830年）創業。京料理を支えてきた白味噌の代表蔵。初代の丹波屋茂助が麹造りの技を見込まれて宮中の料理用に味噌を献上したのが始まり。色が白く絹のようななめらかなテクスチャー（質感）、麹のまろやかさを感じる味わいは、京都の老舗料理店などで広く愛されています。伝統の味を大切に守り続ける傍ら、最近では味噌を使ったスイーツのプロデュースにも力を入れています。

京都府京都市上京区室町通一条上ル小島町558
TEL：075-441-1131　https://www.honda-miso.co.jp/　※見学不可

9代にわたる技と銘水で造る伝統の味

石野味噌（京都）

天明元年（1781年）創業。仕込み蔵の隅に今も湧く地下水「石井筒」で造る白味噌は、黄味がかった色と栗の甘露煮を思わせるこっくりとした甘味が特徴です。味噌蔵めぐりを始めるにあたり、私が初めて連絡を試みた思い出深い蔵。当時は味噌初心者だった私の相談に乗っていただき、白味噌の歴史を丁寧に教えてくれたのが9代目の石野元彦さんです。感謝の気持ちを今も大切に持ち続けています。

京都府京都市下京区油小路通四条下る石井筒町546
TEL：075-361-2336　http://www.ishinomiso.co.jp/　※見学不可

中国

味噌まめ知識

自分の足で日本各地の味噌蔵をめぐることで、造り手の顔と一緒に味噌の記憶がぐっと濃くなります。生産者それぞれのこだわりをより深く理解できるため、料理に用いる際にもイメージが自然と浮かんできて、その瞬間がとても楽しいのです。中国地方はこれから特に開拓していきたいエリア。どんな味噌に出会えるのか、今からとても楽しみです。

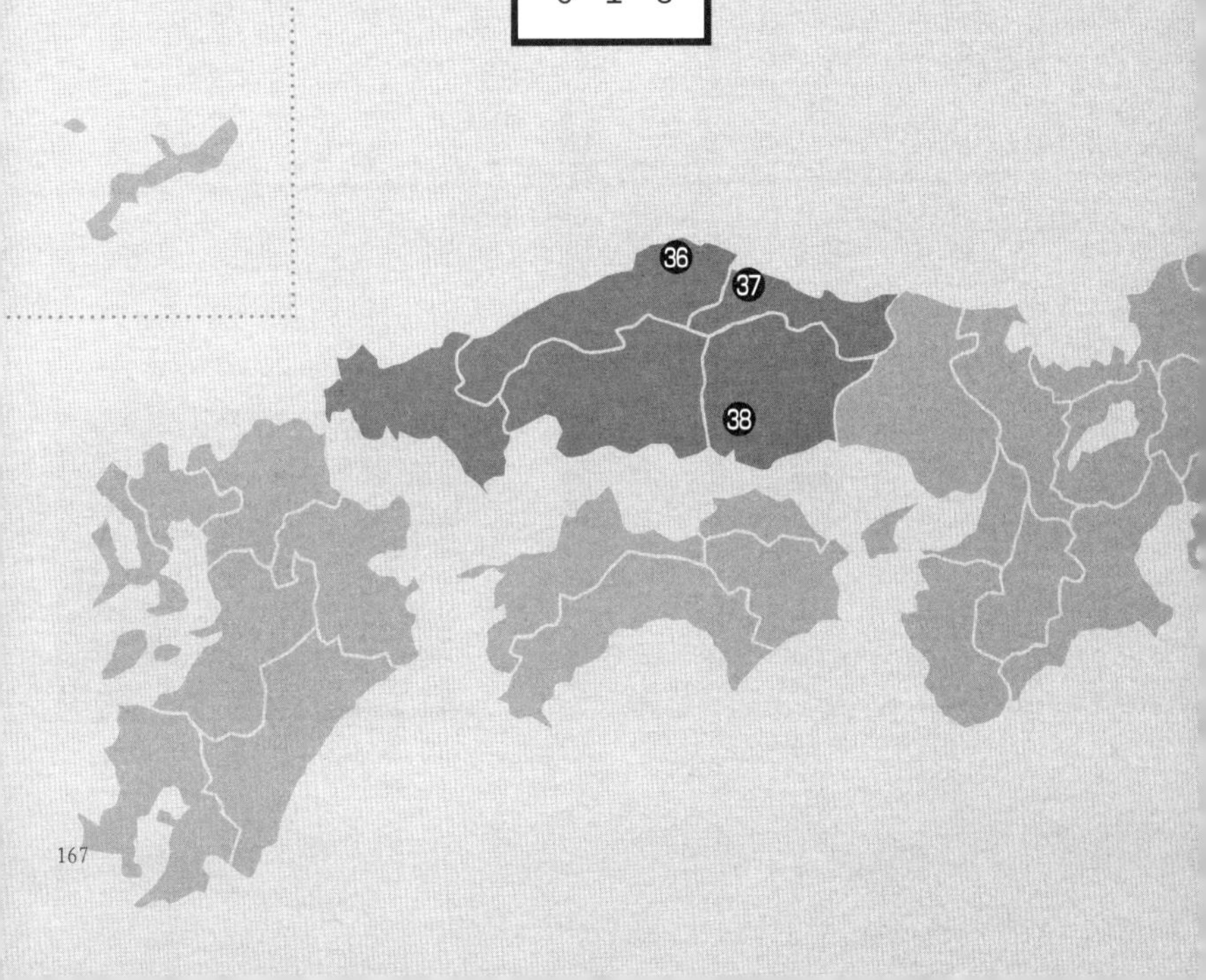

36
37
38

米味噌 MISO KOME

柔軟な発想で若者にもPR

小西本店（島根）

シジミの産地として有名な宍道湖のある島根県松江の地に、ペリー来航の年、嘉永6年（1853年）創業の小西本店があります。山陰地方では「錦のお味噌じゃ、知らないか？」というローカルCMで古くから親しまれているそうで、最近ではCMキャラクターの馬や人などをキーホルダーにしたカプセルトイを県内で販売するなど、若者層にも味噌を食べる機会を増やしてもらいたいと、柔軟な発想で味噌のPRにも力を入れています。

蔵を訪れた私を出迎えてくれた従業員の田中悟さんは、就業23年目の大ベテラン。

「味噌の味や色はもちろん、なめらかさを特に重要視しています」という言葉どおり、製造する味噌の原料となる大豆の選別にとても熱心で、使用する大豆によって舌触りが異なるのだと教えてくれました。パサつきやザラつきなく、なめらかに仕上げるには大豆に含まれる油脂分が大きく影響するのだと話していましたが、そういった大豆は数が少なく入手が難しいそうです。今までほかの味噌蔵で聞いてきた中では、「味噌のなめらかさ」というと機械の濾し方に関する話が多かったので、田中さんの視点と追求が私にはとても新鮮でした。

見学後、このときはまだ発売前だった味噌を試食用に出していただいたので食べてみると、数値で見るとおりの塩分量はしっかりあるのに口あたりはとても柔らか。見た目で粒をしっかり認識できる粒味噌なのに、まるでチョコレートのように口溶けが良いのを感じることができました。

「チョコレートのように口溶けがとてもなめらかですね！」と田中さんに伝えると、「すごく良い表現をしていただけてうれしいです」と笑顔になってくれました。

それは、料理家として味噌レシピを考案するだけでなく、「味噌の魅力を言語化すること」も、みそ探訪家として全国の味噌蔵をめぐっている私にできることの一つなのだと、あらためて感じることができた瞬間でもありました。

ちなみに、このとき私が試食させてもらったのは、２０２３年11月に発売された新商品の「神倉《かんのくら》」。看板商品の「錦味噌」とともに、ぜひ味わっていただきたい一品です。

米味噌 KOME MISO

おすすめ味噌

錦味噌　米糀入

900g　518円

【種類】米味噌
【配合】7割麹、食塩相当量12g
【色】黄色（熟成期間2～3カ月）
【甘辛】甘 ┼─┼─┼─┼─┼─◆ 辛

シジミなど貝のうま味を引き立ててくれるのは、やっぱりちゃんと塩気のある味噌。鮮やかな黄色を生かして、炊き込みごはんやパエリアに使用しても美味です。炊き込みごはんにする場合は青ネギをたっぷり合わせて、ぜひお試しを。

【おすすめ料理】
シジミの炊き込みごはん

小西本店

島根県松江市浜乃木2丁目14-30
TEL：0852-24-2828
https://www.nishikimiso.com/
※見学不可

米味噌 KOME MISO

地域の味を守る「こうじや」

塩谷糀味噌（鳥取）

最寄りのＪＲ御来屋《みくりや》駅で電車を降りると、ふわっと潮の香りがしました。鳥取県西伯郡大山町《だいせんちょう》にある塩谷糀味噌《しおたにこうじ》は明治初期の創業。豊富な漁獲量を誇る御来屋漁港のすぐ近くに位置していて、店舗裏手にある工場《こうば》の目の前には日本海が広がっています。現在は４代目の塩谷拓さんと綾さん夫婦、そして拓さんの母と社員さん１人の、たった４人で営んでいる小さな蔵です。

叔父さんが営む蔵を継ぐことを、子どものころから考えて過ごしていた塩谷さん。高校時代は長期休暇を利用して大豆や麹を造るもろ蓋《ぶた》の洗いなどを手伝い、高校卒業後の18歳で蔵に入ったそうです。訪れる前に電話をしたときからとても丁寧に対応していただき、「せっかく鳥取に来るなら」と、近隣の皆生温泉や鳥取のご当地ラーメンとして愛されている牛骨ラーメンのお店などの観光情報も教えてくれました。

通称「こうじや」と呼ばれている塩谷糀味噌では、できた麹を一般のお客さまや個人商店に卸していて、地元の婦人会の方々からは「自宅で味噌を仕込むときには必ずここの麹！　塩谷さんの麹を使わないとおいしくできないのよ」と熱烈な支持を受けています。訪れたときの思い出として残るのが、金山寺味噌用の麹を造っているタイミングに出くわしたことです。市場に出回っている金山寺味噌は、味噌製造用の麹を使う場合と醤油製造用の麹を使う場合がありますが、塩谷糀味噌では炒った大豆と蒸した小麦に醤油用の種麹を付けて造ります。

この地域では日常的に金山寺味噌を食べているそうで、スーパーにもたくさんの商品が並んでいました。ちなみに、鳥取県で昔から愛されてきた郷土料理に、干したスルメイカを刻んで米麹と一緒に漬け込んで熟成させる「スルメの麹漬け」があります。

このようなことからも、麹が日々の生活に根ざしていて、その需要が高かった地域なのだと感じられました。

味噌造りに使用する材料にはとてもこだわっている塩谷さん。2017年からは田んぼで米味噌用の米作りを始めたほか、新たに始めた醤油造りのために、農薬・化学肥料を使わない小麦の栽培にも取り組んでいます。

「せっかく小麦を自家栽培しているなら味噌用の小麦麹を造って、小麦味噌を仕込んでみてはどうですか？」と私が提案すると、目を輝かせながら「今まで思いつかなかった。面白そう！ぜひやってみたいですね！」と即答してくれま

4代目の塩谷拓さん、綾さん夫婦

した。

一方、妻の綾さんは近隣の公民館などを利用して、麹や味噌の使い方を季節の食材と一緒に体験できる講座を定期的に開催しています。世間話をしながらのアットホームな雰囲気だそうで、子育て世代が忙しいことも理解しつつ、「まずは麹や味噌に触れて、食べてほしいのです。この講座を通じて、手をかけることの大事さも伝えていきたい」と話してくれました。

そして、そんな二人の姿を見て育っている小学生の娘さんは、可愛い手描きのイラストで麹や味噌の魅力を発信中。私が訪れたときにもお店の柱に貼ってあって、思わずほっこりしてし

まいました。
「自分たちのような小さな糀味噌屋がいるということを伝えてくれるだけで、十分うれしいです」と声をかけてくれた塩谷さん夫婦。その言葉を聞き、私はこれからも味噌蔵めぐりを続けていこうと決意を新たにしたのでした。

米味噌 MISO KOME

おすすめ味噌

名和みそ

700g　740円

【種類】米味噌
【配合】30割麹、食塩相当量10.8g
【色】茶色（熟成期間10カ月）
【甘辛】甘 ─┼─┼─◆─┼─┼─ 辛

麹をたっぷり使用し、味わいだけでなく香りも甘いのが特徴。聞けば、木製のもろ蓋で造った麹の完成度を確かめるために、甘酒を造って甘味の出方を確認しているのだそう。甘くてコクある味わいはあんこに合うので、癒やされたいときのおやつタイムにぜひ。

【おすすめ料理】
おしるこ

塩谷糀味噌
鳥取県西伯郡大山町御来屋1085
TEL：0859-54-2112
http://www.chukai.ne.jp/~comehana-3029/
※見学不可

米味噌 KOME MISO

備長炭でおいしさを引き出す

まるみ麹本店（岡山）

味噌を製造する環境に特別こだわっているのが、岡山県総社市美袋《みなぎ》にある昭和25年（1950年）創業のまるみ麹本店です。きっかけは、先代の山辺光男さんが麹造りを行う中で、戦後の高度経済成長期に使用が始まった農薬や化学肥料の普及によって、米や大豆の品質が落ちているのに気づいたこと。米や大豆の持つ自然本来の力を最大限に引き出すことが大切と考え、備長炭を入れたタンクに中国山地から流れる高梁川の伏流水を入れて電子イオン水にして使用しているほか、熟成蔵の床下に厚さ30センチメートルの炭を敷き詰めることで、まるで森林浴をしているかのようなマイナスイオンの多い熟成環境をつくり出しています。電子イオン水で原料を洗ったり浸漬《しんし》

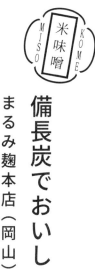

（水に浸すこと）したりすると、原料の不純物を中和・除去できるといわれていて、結果として体に優しい味噌を熟成できると考えているそうです。昨今では「奇跡のりんご」で有名になった木村秋則さん指導のもと、自然栽培米や大豆の契約栽培にも取り組んでいます。「単に食べておいしいということではなく、食べ物が人の健康を支えていること、味噌などの発酵食品だけでなく作物などすべては微生物で支えられていること、そんな自然界に生かされている意識が大事です」。2代目の山辺啓三さんの説得力のある説明を聞き、日々の食事の大切さを再確認したのでした。

米味噌 MISO KOME

おすすめ味噌

奇跡の味噌

300g　1242円

【種類】米味噌

【配合】13割麹、食塩相当量11.9g

【色】黄色（熟成期間６カ月）

【甘辛】甘 ┼─┼─┼─◆─┼ 辛

「奇跡のりんご」で知られる青森県のリンゴ農家・木村秋則氏の指導のもと、肥料や農薬不使用の自然栽培の大豆と米、そして天日自然結晶塩を使用し、吉野杉の木桶でとことんこだわって造られた味噌。香りが良いので柑橘類と相性が良く、体に染み渡る味わいです。

【おすすめ料理】

鶏肉の甘酢漬け

まるみ麹本店

岡山県総社市美袋1825-3

TEL：0866-99-1028

https://www.marumikouji.com

※見学不可

Column

金山寺味噌を広めた禅僧

金山寺味噌は、大豆に米麹や麦麹、ウリやナス、ショウガなどの刻み野菜と塩などの調味料を加えて熟成、発酵させて造る「おかず味噌（なめ味噌）」です。もともとは夏野菜を冬に食べるための保存食で、調味料としてではなく、ごはんのお供や酒の肴として日本各地で食されています。

金山寺味噌の起源といわれる興国寺

その由来は諸説ありますが、最も一般的に知られているのが、鎌倉時代に中国の径山寺《きんざんじ》での修行を終え、紀州由良(現在の和歌山県日高郡由良町)にある興国寺の初代住職となった禅僧・心地覚心《しんちかくしん》がその製法を広めたという説です。信濃国(現在の長野県松本市)の生まれであった覚心はのちに、現在の長野県佐久市に興国寺の末寺である安養寺を開山。寺で育てた大豆を用いて造り始めた味噌が、現代まで続く信州味噌の原点になったとも伝えられています。

私は日本各地の味噌蔵めぐりの傍ら、和歌山の興国寺にも長野の安養寺にも足を運びましたが、残念ながら味噌に関する歴史的な書物は残っておらず、ほとんどが口頭伝承であることを知りました。安養寺の住職さんから、「資料が少ないから調べるのが大変でしょう」と声をかけていただいたことを今でも覚えています。

当たり前のようにそこにあるものでも、いつかは消えてなくなってしまうことがあります。だからこそ、私は今この瞬間にある味噌の情報をできるだけ多く書き留めて、未来に紡ぎたいと思うのです。

味噌

MEGURI GURA NIPPON MISO

四国

味噌まめ知識

四国では、気候風土に根づいた味噌や地理的につながりが深い地域の影響を受けた味噌が造られていて、色や味が個性的。例えば、愛媛県には大豆を使わずに造る宇和島の淡色麦味噌、香川県には京都から製法が伝わったという（諸説あります）甘口の讃岐の白味噌、徳島県には藩主の御膳に供されていた歴史からその名が付いた赤色の御膳味噌があります。

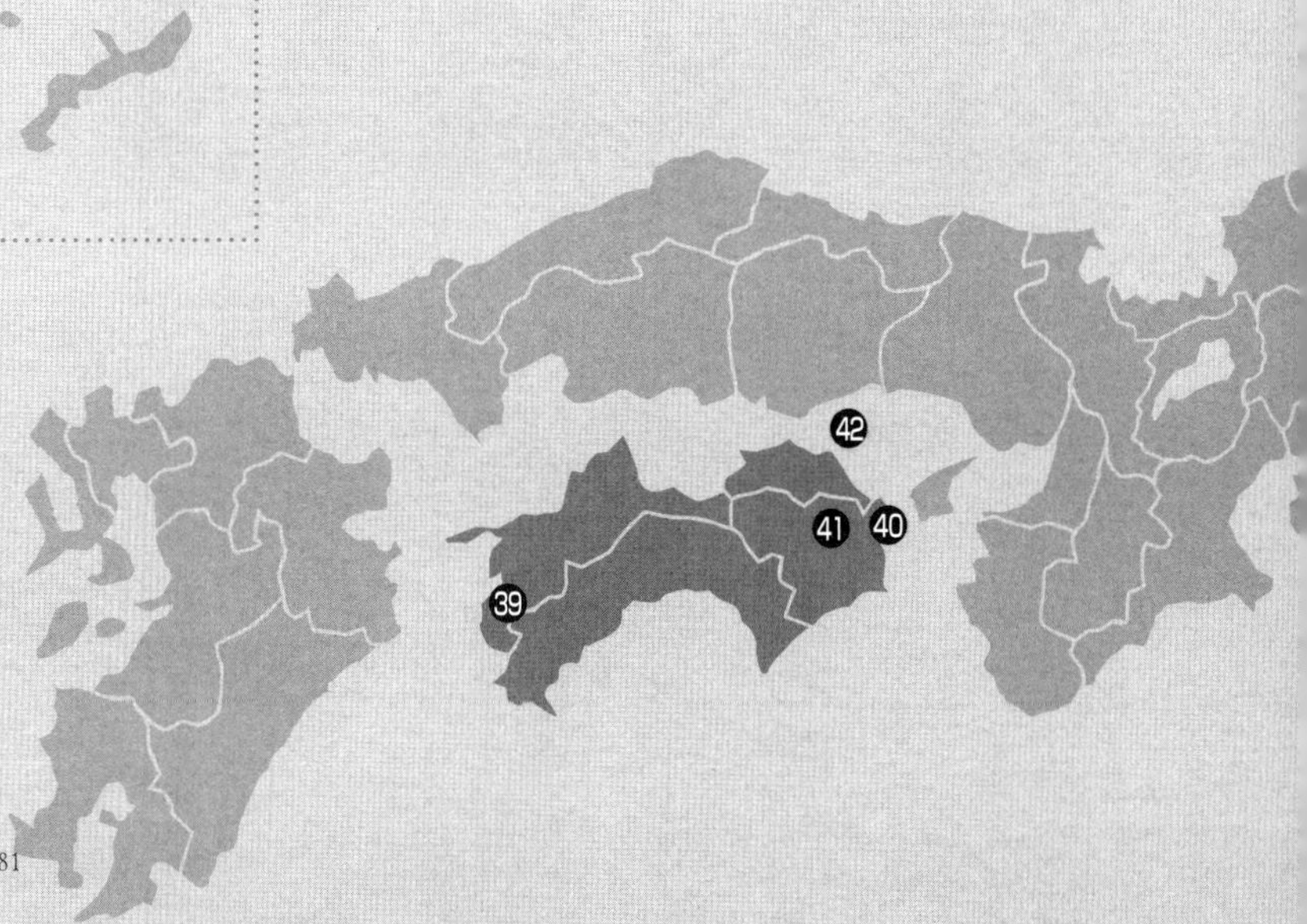

42
41
40
39

麦味噌 MUGI MISO

宇和島伝統の味を今も伝える

井伊商店（愛媛）

味噌は地域性の色濃く出た多種多様さが特徴ですが、それを強く教えてくれる味噌があります。愛媛県宇和島市で、たった4軒の味噌蔵だけに今も受け継がれている「麦と塩だけで造る麦味噌」です。味噌の原料は大豆、麹、そして塩の3つが一般的ですが、宇和島の麦味噌は大豆を使いません。愛媛県は生産量全国1位を誇るはだか麦の産地。昔から栽培が盛んだったため、特産の麦で麦麹を造り、そこに塩だけを足して麦味噌を造る製法が続いてきたそうです。大豆が入らない分、一般的な麦味噌よりも甘さがより際立っているのが特徴です。

この宇和島特産の麦味噌を造り続けている4軒の中の1軒が、昭和33年（1958

年）創業の井伊商店です。３代目の井伊友博さんは大学で建築を学び、卒業後は設計事務所で働いてきましたが、28歳のときに家業の味噌蔵を継ぐことを決意。２０１０年から麦味噌造りの職人としての修業を始めたそうです。「ものづくり」という視点では、建築と味噌造りには通じるものがあったのかもしれません。

私が最初に井伊商店の麦味噌を知ったのは今から8年前、全国各地の味噌を取り寄せていた味噌蔵めぐりの初期のころです。何人かの知り合いから、「ちょっと変わった麦味噌があるよ」と勧められたのがきっかけでした。この時期、我が家には味噌専用冷蔵庫があり、２００個以

上の味噌と生活していた私は、「どんな味噌に出会えるのだろう?」と興味津々。さっそく味見をしたところ、アロマを思わせる独特の香りと甘さ、そしてねっとりとしたテクスチャー（質感）が印象に残り、「この麦味噌は何だろう? もっと知りたい」と思ったのでした。

木桶に仕込まれた麦味噌が並ぶ井伊商店の蔵を訪れてまず驚いたのは、木桶の中の麦味噌がふんわりしていることです。通常はカビの発生を抑えるためになるべく空気が入らないよう、味噌を木桶などの容器にギュッギュッと押して詰めていくのですが、井伊さんのところでは押さずに入れていくのです。そのため、木桶の中の麦味噌はふんわり、こんもりした状態でした。

不思議に思って理由を聞くと、「昔からこのやり方で造ってきたから」と井伊さん。彼にとっては、これが代々受け継がれてきた仕込みの手順。私の質問に、「ほかの蔵では違うのですか?」と逆に驚いていました。

もう一つの特徴が、通常の半分の24時間で造る麹です。出来上がった麦麹はしっとり。そのまま塩と合わせて半日寝かせたものをミンサーにかけ、ペースト状にしてから木桶に仕込んでいくので、出来上がる麦味噌にも粘性があります。蔵の中はバナナのような甘い香りに包まれているのですが、麦味噌自体もバナナを思わせるテクスチャーです。

ちなみに、創業時から使われているという木製のもろ蓋《ぶた》と木桶は真っ黒！　でもこれは汚れているからではなく、菌が棲み着いている証し。この蔵独特の香りと味わいを生むのに欠かせないものなのです。

苦手だと言いながらも、新しいことに一生懸命に取り組む井伊さん。「こんな情報がありますよ」「これはどうですか？」と味噌にまつわる情報や疑問を、丁寧な言葉遣いだけど本音で気軽に話しかけてくれるその人柄に、一度出会ってしまうとファンになる人が続出。私もその一人で、井伊さんとはSNSを通じて交流を深め、味噌のオンラインイベントに一緒に参加するなどしています。

ここ数年は、SNSをきっかけにニューヨークやオランダへの輸出にも挑戦したり、県内のお菓子屋さんが井伊商店の麦味噌を使用した味噌スイーツを考案したりと、井伊さんを囲む輪はどんどん大きくなっています。この輪がもっともっと広がって、さらに多くの人に宇和島伝統の味を知ってもらえたらいいなあ、といつも思っています。

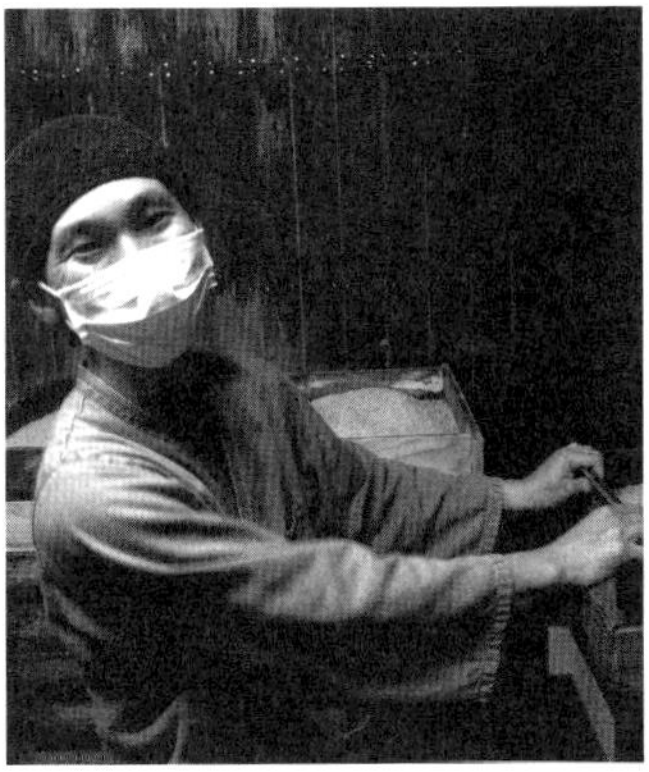

3代目の井伊友博さん

麦味噌 MISO MUGI

おすすめ味噌

麦味噌

1kg　720円

【種類】麦味噌
【配合】20割麹、食塩相当量7g
【色】淡色（熟成期間2〜6カ月）
【甘辛】甘 ┼◆┼┼┼ 辛

大豆不使用×木桶仕込みから生み出される独特な麦味噌は、乳製品（特に牛乳）と相性良く、濃厚なチーズを思わせるリッチな味わいに。そのままクラッカーに付けたらワインのお供に最高。柔らかくしたバナナと混ぜて冷凍すれば、甘じょっぱいバナナアイスとしても楽しめます。

【おすすめ料理】
クラムチャウダー

井伊商店

愛媛県宇和島市鶴島町3-23
TEL：0895-22-2549
https://iimiso.com/
※見学は基本不可（お客様からの注文が少なく、仕込み中ではないときに限り可）

米味噌
KOME MISO

洋風料理との相性抜群！

井上味噌醤油（徳島）

味噌は、人それぞれ持つイメージが異なる調味料だなと感じる場面がよくあります。皆さんが思い浮かべる味噌の香りと味わいは、どんなものでしょうか。

熱々の白いごはんに載せて食べたくなるような食欲がそそられる香り、だしと一緒にふわっと香る癒やしの香り、ぽってり柔らかい甘口の感じ、キリッとしたすっきり辛口の味わい……。でも実はその表現方法はもっと奥深く、味噌と全く別の物質を引き合いに出して、ワインソムリエのように「○○のようだ」などの語を用いた直喩《ちょくゆ》で表現できることに気がつきました。そのきっかけになったのが、これからご紹介する蔵との出会いです。

井上味噌醤油(株)

徳島県鳴門市、渦潮が巻く海辺の町に明治8年（1875年）創業の井上味噌醤油があります。7代目の井上雅史《まさふみ》さんは大学でプロダクトデザインを専攻し、モノ・コトの原点を学びたいと卒業後にモンゴルへ1年間留学。現地で毎月開催されていた持ち寄りパーティーで実家の味噌を使った豚汁をふるまったところ、「おいしい！」と毎回大好評で、現地の人や留学生仲間にとても喜んでもらえたそうです。「外国の方にも味噌はおいしいと感じてもらえるんだ！　その味わいを日本だけでなく、国境を越えて多くの方に伝えたい」という気持ちが強くなり、帰国後、23歳で実家の味噌蔵に入ったそうです。

井上味噌醤油では、もろ蓋《ぶた》や木桶といった木製の道具を創業当時から変わることなく使い続け、天然醸造で色も香りも味も異なる個性豊かな4種類の味噌を仕込んでいます。味噌の原料である大豆、米、塩はすべて国産を使用。先代からの教えにより、原材料の銘柄や配合は非開示にしているのも、こだわりの一つです。

2015年には若手の桶職人と一緒に新桶作りに挑戦するなど、木桶文化の継承に力を入れているだけでなく、宮大工や左官職人による伝統技術を未来へ受け継いでいくことを目指して、2023年には土壁造りの醸造蔵も新築しました。

「味噌は時間をかけてできるものなんよ」と話す井上さん。「焦らずやったらええよ。時間がかかることだから、ちょっとずつやったらええんちゃいますか」と、味噌の魅力を広めたいと思う私に、いつも優しい言葉を送ってくれています。

そんな井上さんが造る味噌を初めて食べたとき、私が最初に発した言葉は「ナッツみたいな味がする!!」でした。甘味はあるけれど、塩気も効いた中辛の「白味噌」はまるでカシューナッツのよう。そして、創業当時から変わらぬ製法で仕込まれている定番の「常盤味噌」は、なんとピーナッツのようなコクのある香りがしたのです。そのときは第一印象で話していたのですが、のちに井上さんが味噌の香気成分を調べてみたところ、本当にナッツに含まれる香気成分の含有量が多いことが判明したのです。

「ほんまにナッツの香りだったから、ビックリして！」。うれしそうに電話をかけてくれたこと、二人で話がとても盛り上がったのを、今でもよく覚えています。「ナッツの風味だから、バナナと合うかな?」「生クリームに合わせると塩キャラメルみたいな味になるな」……。これをきっかけに、「味噌は味噌汁に使う調味料」という枠を超え、私の味噌レシピの世界はぐんと広がりました。

井上さんの蔵で造っている4種のうちの残り2つは、阿波国の蜂須賀公の御膳に供されたのが由来となる徳島の郷土味噌「御膳味噌」と、これをさらに長期熟成させた「御膳ねさし」。5年以上熟成させた真っ黒い色の「御膳ねさし」はコクのほかに独特の酸味も感じられ、鶏肉と白ワインとプルーンと一緒に煮込むのがおすすめです。世界を視野に入れた井上さんの思いが感じられるからか、この蔵の味噌はどれも洋風料理との相性が良いように感じています。

味噌の香りは発酵・熟成中に酵母や乳酸菌などの微生物によって生成されたアルコール、有機酸、エステルなどが入り混じってつくられます。微生物たちは蔵や木桶に棲み着くので、その場所ならではの個性が醸し出されるのです。
　香りを生み出している微生物たちがどんな容姿で、日々どんな会話をして過ごしているのだろう——見えないけれど確かに存在するものを感じられるように、普段から五感を研ぎ澄ませておきたいな、と私はいつも思っています。

7代目の井上雅史さん

米味噌
MISO KOME

おすすめ味噌
常盤味噌
500g　1836円

【種類】米味噌
【配合】非公開
【色】赤色（熟成期間1年）
【甘辛】甘 ─┼─┼─◆─┼─┼─ 辛

ナッツの香りがする絶品味噌は、生クリームと砂糖と混ぜて煮詰めると塩キャラメルを思わせるソースに。プリンに合わせたり、トーストに塗ったりすると止まらないおいしさです。あんこととも相性が良く、この味噌を使っている鯛焼き屋さんも。ポテンシャル高く、一度使うと魅了される一品です。

【おすすめ料理】
キャラメルミルクプリン

井上味噌醤油
徳島県鳴門市撫養町岡崎字二等道路西113番地
TEL：088-686-3251
https://tokiwamiso.com/
※見学可（要予約）

MISO 豆味噌 MAME

昔ながらの製法で造る伝統の味

三浦醸造所（徳島）

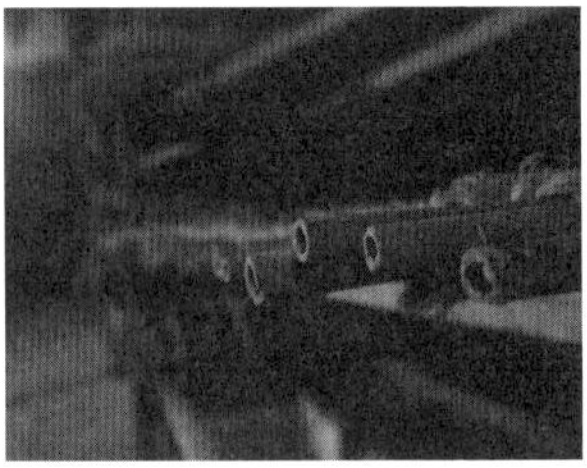

豆味噌というと、東海地方（愛知県、三重県、岐阜県）を思い浮かべる人も多いと思いますが、徳島県西部の限られた地域にも「ねさし味噌」と呼ばれるこだわりの豆味噌があります。その始まりは安土桃山時代。現在の愛知県西部、尾張出身の蜂須賀正勝・家政父子が豊臣秀吉から阿波国を拝領したことから、蜂須賀家とともに阿波に移った者たちが豆味噌の製法を当地に伝えたといわれています。

この伝統の味を今も製造しているのが、徳島県阿波市にある嘉永2年（1849年）創業の三浦醸造所です。5代目の三浦誠司さんはとても凝り性。味噌や醤油、甘酒の原料になる米や大豆などを自然農法で育てたり、大豆を煮る「おくどさん（竈《かまど》）」に穴

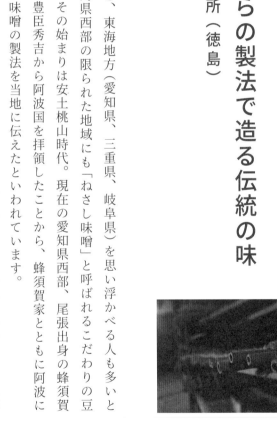

があいてしまったときには左官職人と一緒に改修に取り組んだり。ほぼすべての作業を一人でこなしてしまいます。そんな三浦さんを全面的にサポートしているのが、奥さまの千代さん。私が蔵見学に訪れた際、「5代目はいろいろなことにチャレンジしたくなる人。やっているうちにこだわりがどんどん出てくるんです」と話してくれたのが印象に残っています。

三浦醸造所の「ねさし味噌」の特徴は、種麹を使わず、代々受け継がれている味噌蔵の筵《むしろ》に棲み着いている菌の働きを生かす、昔ながらの「自然生え」製法で造られていること。蒸した大豆を潰した後、なまこ型（ナマコに似ている楕円形のような形）に成形します。それを厚さ2センチメートル程度にカットした後、藁《わら》で編んだ筵を敷いた棚へ。様子を見ながら30〜50日置き、表面に毛カビが十分に生えたら1回ひっくり返すのですが、これを「でんぐり返し」と呼びます。その後、小さく粉砕して大豆を煮たときの煮汁（あめと呼ばれる液体）と塩と混ぜ、桶に入れて3年から5年間熟成させて完成です。ねさし味噌の「ねさし」は阿波地方の方言「寝さす」が語源となっているそうで、長期熟成を経て造ることからこの名が付いたと考えられています。

全国の味噌蔵をめぐっていると、ねさし味噌のように、歴史が紡いできたその土地ならではの味噌に出会うことができます。その面白さに導かれて、私は味噌蔵めぐりを続けているのだと思います。

5代目の三浦誠司さん、千代さん夫婦

豆味噌
MISO MAME

おすすめ味噌

20年もの
ねさし味噌 悠(はるか)

25g 13500円

【種類】豆味噌
【配合】全麹、食塩相当量16g
【色】焦茶色(熟成期間20年)
【甘辛】甘 ┼┼◆┼┼ 辛

長い時間をかけ五味の複雑な味わいから生まれる独特なうま味は、少量使いで十分楽しめます。水で溶きのばして食べる卵かけごはんは、深みがあって美味。納豆も格段においしくなります。個人的には乾燥させ粉末にしてみたら、至福の時を楽しめる特別な一品になりました。

【おすすめ料理】
卵かけごはん

三浦醸造所
徳島県阿波市市場町市場町筋468
TEL:0883-36-4119
https://www.miura-jozo.com/
※見学不可

米味噌 MISO KOME

島民の味を守る唯一の場所

森製麹所（香川）

醤《ひしお》の郷として有名な香川県小豆島で唯一、味噌を製造している森製麹《せいこう》所は、島内の保育園や小学校の給食、一部のホテルやカフェなどに麹や味噌を提供している「島の小さな麹屋さん」。90歳を過ぎても元気で現役の森俊夫さん、娘の淳子《じゅんこ》さん、そして淳子さんの息子の一輝《かずき》さんの親子3代で営んでいます。

私が森製麹所を初めて訪れたのは2017年。年に1回開催されている「木桶職人復活プロジェクト」に参加するために小豆島を訪れた際、せっかくだからと足を延ばしたのが始まりです。

「小さな麹屋だからたくさんの量はできないけれど、できるだけこだわって、麹も味噌も大切に造り続けていけたら良いなと思っています」と話してくれた淳子さん。

味噌造りに欠かせない麹の原料となる米は、日本三大渓谷美の一つして知られる寒霞渓から流れ出る水を使って自分たちの手で大切に育てた小豆島産のコシヒカリ。9月と10月に収穫した新米だけを使用し、100年以上は使われているという全国的にも珍しいレンガ造りの麹室《こうじむろ》で温度と湿度を徹底的に管理して、真っ白でふかふかの麹を造り上げます。

淳子さんの息子の一輝さんは、「おじいちゃんとおばあちゃんが大切に続けてきた麹屋を継続させたい」という思いで跡を継ぐことを決意したといいます。そんな彼を幼いころから知っ

森俊夫さんと娘の淳子さん

ているのが、同じ小豆島にあるヤマロク醤油の5代目で「木桶職人復活プロジェクト」の代表でもある山本康夫さん。家業を継ぐために頑張っている一輝さんを応援しようと、4斗樽サイズ（味噌約80キログラムが仕込めるサイズ）の新しい杉の木桶3本をプレゼントしたそうです。

この木桶を使って造られる限定販売の天然醸造生味噌「極」は、一輝さんの思いが詰まった味噌。一人でも多くの方に一輝さんの味噌が届いたらいいなと思っています。

米味噌 MISO KOME

おすすめ味噌

極

400g　1980円

【種類】米味噌
【配合】20割麹、食塩相当量9.7g
【色】赤色（熟成期間10カ月）
【甘辛】甘 ─┼─┼─◆─┼─┼─ 辛

年々進化を遂げている味噌は、柔らかい塩味と甘い風味が特徴。畑で採れた生野菜を付けてパリッと食べたくなる味わいです。少量の砂糖やみりんと合わせて煮詰めれば、食欲そそられる甘だれに。すき焼きやつくねなど、生卵と合わせる料理との相性◎。

【おすすめ料理】
鶏のつくね

森製麹所

香川県小豆郡小豆島町神懸通甲1510
TEL：0879-82-0691
公式ホームページなし
※見学不可

海外に広がる味噌の世界

味噌と同じく和食に欠かせない醤油、だしの認知度は海外でもかなり上がっていますが、実は、味噌はまだまだ知られていません。そこでここ数年、味噌業界全体で力を入れているのが海外への輸出促進の取り組みです。全国の味噌蔵めぐりの経験を生かして、私もその動きに協力させていただく機会が増えてきました。

ベトナムでのセミナー風景

2019年にはJETRO（日本貿易振興機構）からの依頼でベトナムへ。国内最大級の日越交流イベント「Japan Vietnam Festival」内で開催された味噌セミナーの講師を務めました。さらに2022年には、農林水産省の特認団体である「木桶仕込み味噌輸出促進コンソーシアム」のプロモーション事業でフランスにも出かけました。

このときはパリとシャンパーニュのシェフに向けて味噌の特徴などをレクチャーしたのですが、現地で驚いたことがあります。それは、フランス人のシェフたちが味噌を味噌味としてではなく「うま味」として捉えて、肉のソテーやデザートなどに上手に取り入れていたことでした。私自身これまでさまざまな味噌料理のレシピを提案してきたので、彼らの試みに共感を抱きました。

味噌を使った料理といえばお味噌汁を思い浮かべる方が多いと思いますが、甘味や塩味、香りなど、調味料としての味噌の可能性は無限大です。みそ探訪家であると同時に料理家でもある私は、これからもバラエティー豊かな味噌料理を提案していくことで、日本はもちろん世界各国に味噌を広めるお手伝いを続けていきたいと思っています。

味噌

MEGURI GURA

NIPPON MISO

九州・沖縄

味噌まめ知識

麦味噌の主な文化圏は九州で、麦味噌生産量の75パーセント前後が九州産とされています。そのほとんどが大麦と裸麦を原料としていて、麹の割合が多く、麦独特の甘い香りと味わいとしっとりしたテクスチャー（質感）が特徴。麦味噌といえば思い浮かべるのは淡色ですが、福岡・佐賀・大分の九州北部から中部では赤色の麦味噌も生産されています。

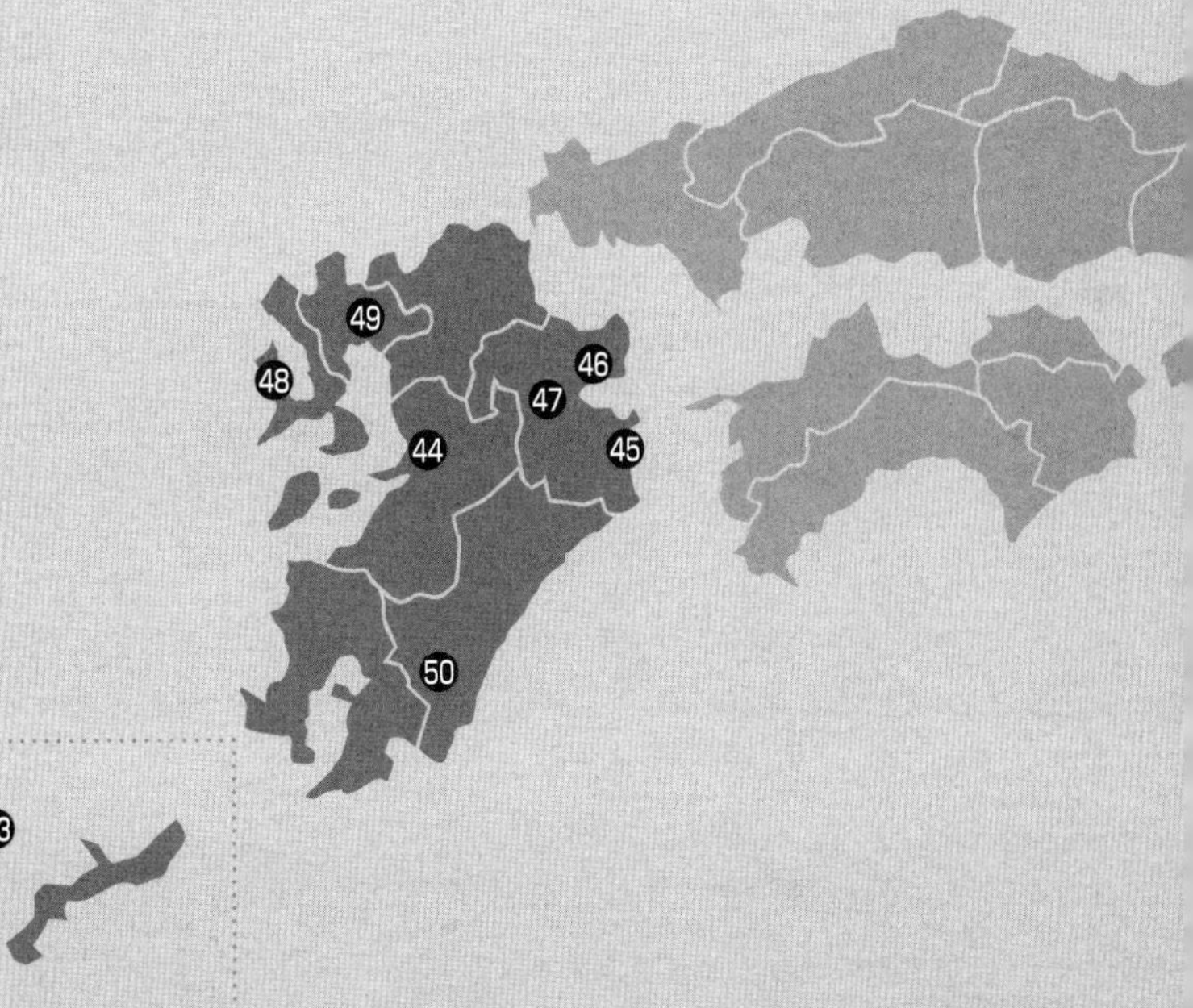

49
48
44
46
47
45
50
43

米味噌
KOME MISO

知恵と工夫が詰まった島の味

粟国村ソテツ味噌生産組合（沖縄）

沖縄の料理には、味噌を使ったものが多くあります。アンダンスー（油味噌）、ナーベーラーンブシー（ヘチマの味噌煮炒め）、イナムドゥチ（白味噌仕立ての具だくさんの味噌汁）などが代表的です。冷蔵庫がない時代から、暑さを乗り切るために沖縄の地では味噌が広く利用されてきたのです。

今では、リゾート旅行といえば人気の上位に上がってきますが、私が沖縄に行ったのは実は1度だけ。「ソテツ味噌」と呼ばれる一風変わった味噌があると聞き、沖縄本島からフェリーで2時間の粟国島《あぐにじま》へ迷わず向かいました。リゾート旅行ではなく、やっぱり味噌蔵めぐりです（笑）。

かつて粟《あわ》の栽培が盛んに行われていたことが、その名の由来になっている粟国島は周囲約12キロメートル。別名「ソテツの島」とも呼ばれていて、自転車があれば1日で1周できてしまうほどの小さな島の至るところに常緑樹のソテツが自生しています。戦前戦後の食糧難の時代、ソテツの葉は燃料に、実や芯は食材に、そして雄花は肥料として用いられていたそうです。

ソテツ味噌を仕込む時期に合わせて島を訪問したのは旧正月を過ぎた2月。東京はコートを着て過ごす時期でしたが、粟国島に到着すると気温はなんと25度。熱風が吹いていて、思わず「暑ッ！」と声が漏れました。

さっそく足を運んだ生産加工施設では、ソテツ味噌の普及に中心となって尽力している粟国村ソテツ味噌生産組合の安谷屋《あだにや》英子さんと與那《よな》則子さん、そして地域おこし協力隊（当時）の金村千沙さんたちが待っていてくれました。80代の安谷屋さんは幼いころからソテツ味噌を食べてきたそうで、「粟国島のソテツ味噌の歴史は100年以上になるのではないかな？」と話してくれました。

安谷屋さんたちが造っているソテツ味噌の原料は、大豆、米、塩、そしてソテツの実。ソテツにはサイカシンというしびれを感じる毒素があるため、使う前に実を割って天日で乾燥させ、水に漬けてあくを抜いたらまた天日で乾燥させを繰り返し、それから粉末にします。

現在では米麹の中に1割程度のソテツの粉末を混ぜていますが、昔は米が希少だったことから、米は使わずに島に自生するソテツの実100パーセントの麹で味噌造りを行ってきたそうです。毒素を含んでいても、それを食べられるように工夫する知恵が本当にすごいなぁと感服しきりでした。

幼いころからソテツ味噌を食べてきたという安谷屋さんですが、本格的にこの味噌を造るようになったのは今から50年ぐらい前のこと。自宅でミカンを食べた後、皮をそのまま置いておいたらそこに菌が付き、これで麹が造れそうだと菌を集めたのが始まりだというからビックリ！　種になる麹菌が手に入らない環境だったことから、一度造った麹を種麹として次に仕込む麹に混ぜ込むという工夫もしていて、これもソテツ味噌の特徴だなと思いました。

「麹が上手にできますように」という願いを込めて〝サン〟という草を結ったお守りを仕込み中の麹の上に載せるのも、粟国島の風習なのだそうで、それがとても印象的でした。麹が出来上がった後は一般的な味噌造り同様、加熱して潰した大豆に塩とソテツ入りの米麹を混ぜ、約1年間発酵熟成させてソテツ味噌が完成します。

貴重なソテツ味噌と麹造りの様子を教えてもらった後、タンナージューシー（タンナー＝ソテツの粉末、ジューシー＝雑炊）という、ソテツ味噌の味噌汁にソテツの粉末をたっぷり加えてとろみを付けた雑炊をふるまってもらいました。具材には、島に自生する長命草がたっぷり入っていました。

初めてソテツ味噌を口にするまでは「食べられるのかな？　苦いのかな？」とドキドキでしたが、その味は想像以上に普通の味噌の味でした。ソテツの実のクセなどは全くなく、配合を見るととても辛口なのですが、それがとてもすっきりしていてキレが良いという表現がピッタリの味わいです。沖縄の暑さを乗り切るために、塩分補給

安谷屋英子さん

粟国村ソテツ味噌生産組合のメンバーたち。後列右から、與那さん、安谷屋さん、金村さん

米味噌
KOME MISO

おすすめ味噌

そてつ実そ

500g　700円

【種類】米味噌
【配合】3割麹、食塩相当量13g
【色】赤色（熟成期間1年）
【甘辛】甘 ┼─┼─┼─┼─┼─◆ 辛

この本で紹介している味噌の中でいちばん辛口の味噌。塩味で味が決まりやすく素材の味わいを生かしてくれます。地元の方々は魚汁や和え物に使うそうです。餃子のタネの味付けや溶きのばして醤油の代わりにしても◎。

【おすすめ料理】
餃子

粟国村ソテツ味噌生産組合

沖縄県島尻郡粟国村字東1088
TEL：098-988-2059
https://www.vill.aguni.okinawa.jp/
※見学可（要予約）

として、味噌は大事な食材なのだと強く感じました。

帰りのフェリー。声が届かない距離になっても、ずっとずっと手を振り続けてくれた安谷屋さん、與那さん、そして金村さん。2回目の沖縄訪問の際にも必ず粟国島を訪れて、もう一度皆さんにお会いしたいです。

麦味噌
MISO MUGI

地元に愛される珍しい辛口麦味噌

貝島商店（熊本）

味噌蔵めぐりをするようになってから、熊本駅から路面電車で20分ほどの場所にある味噌天神宮へ毎年ごあいさつにうかがっています。

味噌天神宮はその名のとおり日本で唯一の〝味噌を祀る神社〟。奈良時代の和銅6年（713年）に悪疫が流行した際、「御祖天神《みそてんじん》」を祀ったのが始まりとされています。その後、天平13年（741年）に聖武天皇の勅令により各地に国分寺が置かれ、寺の僧侶たちの食事に味噌が使われるようになりましたが、ある年、大量の味噌が腐敗。困った僧侶たちが御祖天神に祈願しに行くと、「境内にある小笹を味噌桶の中に立てよ」と神様からのお告げがあり、そのとおりにしてみると味噌がおいしくなったのだとか。このことから、御祖天神は「味噌天神」として味噌を祀る神社になったと伝えられていて、現在も敷地内には立派な笹が伸び伸びと茂っています。

毎年10月25日の午前中に例大祭が行われていて、熊本県みそ醤油工業協同組合の皆さんが中心になって、熊本名物・南関あげ入りの味噌汁や味噌の配布をしています。数百人の行列になるほどにぎわうため、参加する場合は朝から並ぶのが必須です。

この味噌天神からほど近くにある味噌蔵が、昭和２年（１９２７年）創業の貝島商店です。私は、木桶仕込みの味噌蔵を探すために各県の

味噌組合に電話をかけて情報を集めることも多いのですが、そのときに熊本県みそ醤油工業協同組合の方から教えてもらったのが出会いのきっかけでした。

3代目の貝嶋慶治さんは「好青年」という言葉がぴったりのイケメン。味噌の話だけでなく、不思議と恋愛相談もできてしまうお兄ちゃんみたいな存在です。私が横浜で催事に出店したときには、熊本からサプライズで駆けつけてくれたこともありました。

「大切な人に笑顔になってもらえると幸せじゃないですか」と、家族や恋人などに喜んでもらえる製品作りを心がける経営がモットーで、地元の方に向けた情報発信や熊本県産のトマトと味噌を合わせた調味料「とまとみそーす」といった新商品の開発にも力を入れています。

貝島商店の特徴は、最先端の機械と昔ながらの木桶の良さの両方を生かした味噌造りをしている点です。2016年の熊本地震で半壊した蔵を建て直す際、日本三大杉の一つである地元熊本阿蘇産の小国杉《おぐにすぎ》を使用して木桶を新調しました。現在は昔からのものを含む7本の木桶と、1960年に熊本県内で先駆けて工場化した機械の両方を活用しています。もう一つの特徴は、辛口の麦味噌「小国杉樽仕込み味噌」です。主に九州地方で製造されている麦味噌は一般的には甘口のものが多いので、この味噌を初めて食べたときはとても驚いたのですが、あえて地域の味わいと異なる味噌を造ることで、しっかりと自社の味を確立しファンを増やしています。

「うちの麦味噌は40～60日の短期間で製造します。うま味と塩慣れのバランスが取れた辛口の味、濃くなりすぎない淡色、麦らしい香り、硬さを考えて完成させるためには、高い技術が必要なんです」と貝嶋さん。

味噌は熟成期間が長いほうがうま味は増すのですが、味わいとともに色も濃くなるのが一般的です。そのため、麦味噌らしい淡色を保ちつつ、うま味もしっかりつくり出すというのは、貝嶋さんの話からもわかるように簡単でありません。特にここ最近は夏季の暑さが増しているため、その調整は一段と難しいことが察せられます。貝嶋さんの造る麦味噌の表面には白い結晶が肉眼で確認できますが、この正体はチロシンといううま味成分。熟成期間が短くてもうま味がしっかりある証しで、その完成度の高さが感じられます。

味噌蔵めぐりを始めて丸８年。味噌が紡いでくれた出会いはすでに数え切れないほど増えました。感謝の思いを胸に、また来年もたくさんの報告をするために熊本の味噌天神宮に足を運びたいと思っています。

３代目の貝嶋慶治さん

麦味噌
MISO MUGI

おすすめ味噌

小国杉樽 仕込み味噌

500g　540円

【種類】麦味噌
【配合】８割麹、食塩相当量10g
【色】黄色（熟成期間1カ月半）
【甘辛】甘 ┼─┼─┼─◆─┼ 辛

天然醸造・木桶仕込み、珍しい辛口の麦味噌。オイルベースのパスタに加えると、うま味がグッと増すのでおすすめ。ハーブとの相性も抜群！麦の香りがナッツの代わりにもなってくれるので、刻んだバジルとオリーブオイル、ニンニクと合わせたらバジルソースに。

【おすすめ料理】
バジルソース

貝島商店

熊本県熊本市中央区迎町2-2-15
TEL：0120-823-304
https://www.yebisumiso.co.jp/
※見学可

合わせ味噌
AWASE MISO

ユーモアあふれるワンダーランド

カニ醤油（大分）

「一度会ったら忘れられなくて、また会いたくなる味噌業界の芸人さん！」と、親しみを込めて私が勝手に名づけているのが、大分県臼杵市にあるカニ醤油12代目の可児《かに》愛一郎さんです。いつもとってても明るくてユーモアいっぱいの可児さんとは、2019年に開催された臼杵市役所主催の「臼杵食フェス」で、味噌をテーマにしたトークイベントに一緒に登壇したのがきっかけで知り合いました。

初めてお会いしたときは、遠くからでも目立つ金髪に、蛍光オレンジと蛍光グリーンの片足ずつ異なる靴紐のスニーカーを履いて登場！ 楽しく衝撃的な初対面だったのを今でもよく覚えています（笑）。

城下町の風情が残る中央通り商店街（八町大路）の真ん中に位置するカニ醤油の歴史は古く、創業はなんと慶長5年（1600年）。可児家に伝わる古文書によると、先祖は関ケ原の戦いの後、主君に従って岐阜から臼杵に移り住んで「鑰屋《かぎや》」を名乗り、醸造業だけでなく呉服や油の商いに従事したそうで、今も同じ場所、同じ建物で商いを営んでいます。

国の登録有形文化財に指定されている店舗は歴史の重みを感じる佇まいですが、中に一歩足を踏み入れると、そこは駄じゃれや本音を織り交ぜた、ユーモアあふれる可児さんワールド！味噌や醤油の定番商品に加えて、無添加・無食

塩のだしパック「ダーシィハリー」、万能調味料の「黒だし番長」などのユニークな名前の調味料も並んでいて、思わずクスリと笑ってしまいます。手書きのPOPデザインやコメントも面白おかしく、どこか懐かしくてなんとなく昭和の香りが……。

これらはすべて可児さんのアイデアなのだそうですが、これには深い理由が。実は2007年に蔵を継ぐために実家に帰ってきた可児さんを待っていたのは、廃業の危機。たくさんいた従業員もいなくなって家族だけとなっていた店を見て、「ユーモアがあれば明るくなる！」と、頭をひねって楽しい名前の新商品を小ロットで次々に開発していった結果なのです。現在では地元スーパーでの対面販売も積極的に展開し、地元の人々に愛されています。


そして、この蔵を訪れたらぜひ食べてほしいのが、可児さんと母の明子さんが試行錯誤を重ねて完成させた「味噌ソフトクリーム」です。

今や地元の人々だけに限らず観光客にも大人気。味噌をキャラメルソースのようにかけて、さらに味噌パウダーと味噌クランチもトッピングした特製ソフトクリームは、味噌の甘じょっぱさとザクザク食感が楽しめるスペシャルスイーツです。

おいしい味と笑いを求めて、城下町・臼杵へ出かけてみてください。

合わせ味噌
MISO
AWASE

おすすめ味噌

こめこめ
むぎむぎ
うすきみそ

1kg　1296円

【種類】合わせ味噌
【配合】32割麹、食塩相当量10.7g
【色】黄色（熟成期間２カ月）
【甘辛】甘 ┼─┼─◆─┼─┼ 辛

ネーミングが特徴的なこの味噌は色が淡く香りがフレッシュ。酸味のある柑橘などの果物や白身魚と相性良く、オイルと合わせてマリネしてもおいしいです。オレンジマーマレードに少し混ぜて鶏肉や豚肉のソースにするのもおすすめ。

【おすすめ料理】
柑橘と白身魚のカルパッチョ

カニ醤油

大分県臼杵市大字臼杵218番地
TEL：0972-63-1177
https://www.kagiya-1600.com/
※見学可

12代目の可児愛一郎さんと著者

味噌加工品
MISO KAKOU HIN

伝統の味噌を現代の食卓へ

綾部味噌醸造元（大分）

私がSNSに味噌の情報を投稿すると、いつもシェアして応援してくれるのが、大分県杵築《きつき》市にある明治33年（1900年）創業の綾部味噌醸造元です。私がこの蔵を初めて訪れたのは、全国の味噌蔵めぐりを始めたばかりのころ。キラキラ光る別府湾を眺めながら、大分空港からタクシーで向かったことを今でもよく覚えています。

600年もの歴史を持つ杵築城を中心に、武家屋敷や石畳の景色が今も残る杵築市。商家の集まる谷町通りを挟むように、武士たちが暮らしていた南北の高台が広がるV字型の独特の地形から、日本唯一の「サンドイッチ型城下町」とも呼ばれています。

綾部味噌醸造元があるのは、谷町通りから北台へと上る「酢屋の坂」の入り口。市指定有形文化財になっている店舗に足を踏み入れると、すぐに囲炉裏のある畳の小上がりがあって、その趣のある風情にワクワク。でも、「どんな方と、どんな味噌と出会えるのかな」とドキドキしていると、4代目・綾部浩太郎さんの奥さまの寿賀子さんが迎えてくれました。その後、蔵内を見学させてもらったのですが、当時は味噌蔵めぐりの初心者だった私。麦麹を見たのはこのときが初めてだったかもしれません。

それでも、味噌への思いや蔵めぐりのことなどを一生懸命に話す中で、私の熱意が寿賀子さんに伝わったのだと思います。訪問後も電話やSNSで味噌の使い方や大分特産の食材について教えてもらうなど、何度もやりとりをさせてもらっています。

敷地内から湧く天然水を仕込みに使い、手作業で昔ながらの味を守り続けている綾部味噌醸造元。合わせ、赤、白の味噌の中でも米味噌中辛口の「特製白みそ」は、ほど良い塩味があるので、木の芽味噌のような鮮やかな色を生かした季節の味噌料理を作るのにぴったり。私が四季折々の味噌料理を考える中で、寿賀子さんから教えてもらったことをベースにしたものもいくつかあります。

伝統の味を守りながらも、どんな商品があったら手間をかけずに味噌に親しんでもらえるのかを、いつも考えて続けている寿賀子さん。そんな彼女が考案して商品化した「かぼす味噌」は、武士の礼装である裃《かみしも》をデザインしたユニークなパッケージでお土産にもぴったり。観光客にも大人気です。

寿賀子さんは私にとって〝味噌のお母さん〟のような存在。これからも味噌についていろいろと教えてもらいたいです。そして、私もその教えを生かした味噌レシピをたくさん考案し、多くの人に味噌の可能性と魅力を伝えていきたいと思っています。

味噌加工品 MISO KAKOU HIN

おすすめ味噌

かぼす味噌

150g　842円

【種類】味噌加工品
【配合】食塩相当量5.2g
【色】黄色
【甘辛】甘 ◆┼┼┼┼┼ 辛

天然醸造の米味噌に杵築産の無農薬栽培で育てたカボスをたっぷり混ぜた、鮮やかな黄色が特徴の味噌加工品。ほど良い甘味と酸味で子どもにも食べやすい味わい。しゃぶしゃぶのたれやパスタに和えても美味。推しは、香りがたまらない焼きそばです。

【おすすめ料理】
焼きそば

綾部味噌醸造元

大分県杵築市大字杵築169
TEL：0978-62-2169
公式ホームページなし
※見学不可

合わせ味噌 AWASE MISO

職人の技術と経験が光る合わせ麹

麻生醤油醸造場（大分）

日本有数の湧出量を誇る別府温泉から電車と徒歩で3時間。熊本県へと横切るように移動する途中に足を運んだのが、九州最高峰の中岳がある九重連山の麓、のどかな景色の中に佇む麻生醤油醸造場でした。大分県玖珠郡九重町にあるこの蔵の創業は昭和27年（1952年）ですが、創業より100年以上前から醸造業に携わってきた先代から木桶仕込みの古式製法を受け継ぎ、こだわりの無添加味噌を造っています。

この蔵の味噌の中で食べてもらいたい私の推しは、合わせ麹製法で造られた「家族のみそ」です。合わせ味噌の造り方は2種類あり、1つは製造の段階で複数の麹を合わせて仕込む「合わせ麹」という製法、もう1つは出来上がった味噌を後から複数合わせて造る製法です。後者は味を見ながら配合できますが、前者の合わせ麹製法は各麹の分解スピードの違いを考えて仕込むのが難しいため、職人の技術と経験が必要になります。

病に倒れた先代から27歳という若さで蔵を継いだ3代目の麻生隆一朗さん。「小さな縁も大切に、たくさん話を聞いて視野を広く持って進んでいきたい」と、プレッシャーに負けることなくシェフとのイベントや海外輸出などにも意欲的に取り組んでいます。実直な姿勢と内なる闘志、心から応援したくなる味噌蔵さんです。

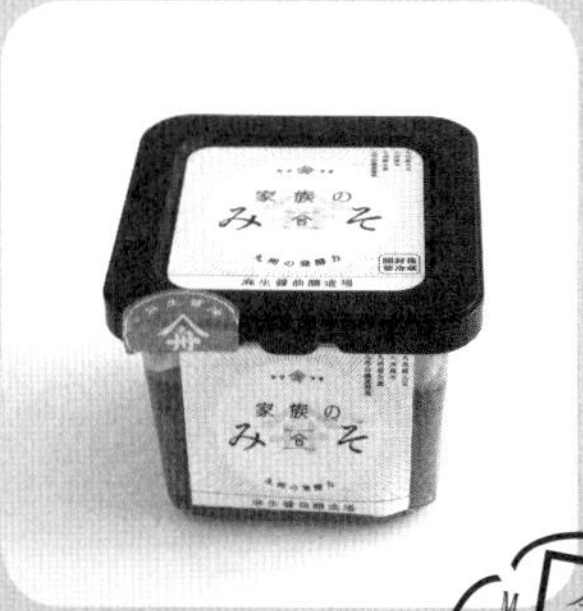

合わせ味噌
AWASE MISO

おすすめ味噌

家族のみそ

500g　756円

【種類】合わせ味噌
【配合】12割麹、食塩相当量11.7g
【色】赤色（熟成期間6カ月）
【甘辛】甘 ┼─┼─◆─┼─┼ 辛

九州産の原材料にこだわって造られた合わせ味噌は、麦のコクを感じられる優しい味わい。ピーナッツやアーモンドなどのナッツ類と相性良く、青菜はもちろん、カボチャやサツマイモなど、日々の和え物のレパートリーにぜひ取り入れてほしいです。

【おすすめ料理】
ナッツの和え物

麻生醤油醸造場

大分県玖珠郡九重町右田2582-2
TEL：0973-76-2015
https://asoushoyu.com/
※見学可

麦味噌 MUGI MISO

蔵を守る仲良し3人きょうだい

川添酢造（長崎）

長崎県西海市にある明治33年（1900年）創業の川添酢造は、今でも甕《かめ》を使用した昔ながらの製法で酢を造っている「お酢屋さん」。現在は、次期5代目で営業担当の長男・川添晋作さんを中心に、妹の桂奈《けいな》さんが広報、弟の光蔵さんが製造と、きょうだい3人で役割分担しながら、酢、麹、味噌などを手造りしています。

仕事の合間の昼休憩は一緒にごはんを食べ、休日は3きょうだいの子どもたちも交えて家族ぐるみで釣りや旅行へ。餅つきも必ず一緒にするなど、とにかく仲良しの晋作さん、桂奈さん、光蔵さん。昔からほとんどけんかをしたことがなく、「争うパワーがあるなら仲良くする努力をしたほうがお互い気持ちがいい」と、3人とも思っているそうです。

必要のない添加物を入れず、自然な製法で体に優しい食品作りを心がけているのがこの蔵の特徴で、特にこだわっているのが水です。仕込みや洗米などに使うのは、地元を流れる雪浦川の清らかな水。これを備長炭が入った特殊なタンクに溜め、炭の力でさらに良い水へと変えてから使用しているそうです。さらに工場《こうば》の床や壁には総計25トンの活性炭や備長炭を埋め込み、空気や水などの環境を整えています。

そして〝味噌の要〟といわれる麹造りにも特徴があります。川添酢造では複数の麹を造る中の一つに、無農薬玄米を五分づきにした麹があるのです。たんぱく質などの

栄養価も残しつつ、麹菌の繁殖しやすさも考えて五分づき米にしているのだとか。一度に使用する米は約230キログラム。それを、もろ蓋《ぶた》1枚ごとに約1キログラムずつ分け、夏には扇風機、冬には暖房で温度管理をしつつ、深夜も手入れ作業をしながら麹を造ります。

私がとても驚いたのが、出来上がった麹を200枚以上のもろ蓋からはがすのに20分もかからないということ！　1枚を5秒ほどでさばく早業は、集中力と経験値の賜《たまもの》だなと感じました。完成した五分づき米麹を使った「手造り合わせ味噌」は、柔らかくてほんのり甘味のある優しい味わい。お味噌汁の使うと具材の味をさらに引き立ててくれます。

左から川添光蔵さん、次期５代目の晋作さん、桂奈さん

味噌を発酵熟成させる部屋に置かれている容器の一つひとつには、「おいしくなってね」という手書きのメッセージが。これは、昔から受け継がれてきた〝味噌への思いの込め方〟なのだそう。ずらりと並んだ味噌容器の中から麦味噌を探して蓋を開けてみると、うま味成分チロシンの白い粒々が目で確認できるほどたくさん出ていて、見るからにおいしそう。甘くコクのある香りが広がって優しい気持ちになりました。

一般向けに麦麹を販売している蔵は少ないのですが、川添酢造ではインターネット販売もしているので、麦味噌造りに挑戦してみたい方にもおすすめです。

麦味噌 MISO MUGI

おすすめ味噌

手造り麦みそ

1kg　710円

【種類】麦味噌
【配合】33割麹、食塩相当量8.5g
【色】淡色（熟成期間2カ月）
【甘辛】甘 ┼◆┼┼┼ 辛

甘味のある麦味噌は、大根おろしや春菊、菜の花など、辛味や少し苦味のある食材に合わせると味のバランスが良くなります。脂のおいしい豚肉や素揚げしたナスと合わせたり、片栗粉をまぶして揚げ焼きにした鶏肉などと一緒に煮てもおいしいです。

【おすすめ料理】
鶏肉のみぞれ煮

川添酢造

長崎県西海市大瀬戸町雪浦下郷1308-2
TEL：0959-22-9305
https://kawazoesuya-web.com/
※見学可

合わせ味噌 AWASE MISO

10倍もの手間をかけた雑穀麹入り

丸秀醤油(佐賀)

味噌の原料に欠かせない麹を造るには、一般的に48時間が必要です。原料となる穀物(米や麦、豆など)を水に漬けたり、麹になってから乾燥させたりする時間も含めると、数日かかる作業になります。1種類の麹を造るのにもこれだけの手間がかかるというのに、なんと麹の原料に10種類もの穀物を使用、そのうえこの10種類を別々に麹にするという、通常の10倍もの手間をかけて造られた味噌が存在します。

「十穀味噌」と名づけられたこのこだわりの味噌を造っているのが、佐賀県佐賀市にある明治34年(1901年)創業の丸秀《まるひで》醤油です。6代目の秀島健介さんとは、香川県小豆島の「木桶職人復活プロジェクト」をきっかけに知り合いました。40年ほど前に蔵を移築する際、木桶仕込みからＦＲＰ（プラスチック容器）に切り替えたそうですが、いつか木桶仕込みを復活させたいと思い続け、２０１７年に新桶を製作。現在はＦＲＰと木桶仕込みの両方で味噌製造を続けています。

通常の10倍もの手間をかけた十穀味噌は、一般的な味噌に比べるとビタミンやミネラルが豊富なのに加え、発酵させることで雑穀の持つ栄養価が体に吸収されやすい状態になっているのが特徴。１年熟成しているにもかかわらず色が濃くなりすぎず、きれいな黄色をしているのもチェックポイントです。

合わせ味噌 AWASE MISO

おすすめ味噌
十穀味噌
500g　950円

【種類】合わせ味噌
【配合】15割麹、食塩相当量10.5g
【色】黄色（熟成期間１年）
【甘辛】甘 ┼─┼─◆─┼─┼ 辛

大豆、大麦、白米、黒米、赤米、緑米、緑豆、あわ、はと麦、ひえ。国産の雑穀を使用し、通常の10倍の手間をかけて造る味噌。黒米に含まれているアントシアニン（ポリフェノールの一種）など栄養が豊富です。鶏ガラのだしで生米からコトコト煮て作るお粥に溶くのが、私のお気に入り。

【おすすめ料理】
台湾風粥

丸秀醤油
佐賀県佐賀市高木瀬西6丁目11-9
TEL：0952-30-1141
https://shizen1.com/
※見学可

麦味噌
MUGI MISO

西郷隆盛が造った味を再現

ヤマエ食品工業（宮崎）

明治４年（１８７１年）創業、宮崎県都城市にあるヤマエ食品工業は、味噌・醤油はもちろん、つゆ・たれ・ドレッシングといった各種調味料の製造販売も手がける食品メーカーです。従業員数１１５人と、私が味噌蔵めぐりをしてきた中では大規模ですが、10代目の江夏啓人《ひろと》さんはとってもフレンドリー。話上手でとにかく明るくて太陽みたい！　私が企業と共同で実施している味噌造りオンラインイベントの麦味噌部門では、いつもお世話になっています。

私がヤマエ食品工業に興味を持ったきっかけは、味噌造りが得意だったという西郷隆盛が造っていた麦味噌を再現した「西郷どん味噌」。都城市が薩摩藩主・島津家発祥の地であり、かつては薩摩藩に属していたことから、西郷の味噌レシピの再現に取り組んだそうです。鹿児島市にある歴史観光施設「維新ふるさと館」に残されていた、西郷を直接知る親戚の女性が彼について語った肉声のテープと、当時の資料や文献、そして西郷のひ孫にあたる西郷隆夫さんの助言をもとに、西郷が愛した麦味噌を再現しています。味噌といえば武将とのつながりを伝える逸話が数多く残っていますが、あの西郷隆盛が実は味噌造りが得意だったとは少し意外な気がします。そして、幕末・明治維新の偉人が少し身近に感じられたのでした。

麦味噌 MISO MUGI

おすすめ味噌

西郷どん味噌

600g　594円

【種類】麦味噌
【配合】30割麹、食塩相当量11g
【色】淡色（熟成期間1カ月）
【甘辛】甘 ┼─┼─◆─┼─┼ 辛

たっぷり使用した麦麹の香りとほど良い塩加減のすっきりした甘さが、不思議とタイ料理にとても良く合います。タイ風春雨サラダのヤムウンセンやトムカーガイ（ココナッツミルクスープ）、挽き肉とバジルを炒めたガパオライスに合わせればクセになるおいしさです。

【おすすめ料理】
ガパオライス

ヤマエ食品工業
宮崎県都城市西町3646番地
TEL：0986-22-4611
https://yamae-foods.net/
※見学不可

味噌蔵めぐりのアドバイス【買い物編】

◎まずは蔵の定番味噌を味わって

味噌蔵めぐりの際に私が心がけていることがあります。それは、見学のお礼の気持ちを込めてその蔵の味噌を買って帰ることです。私がまず手に取るのは蔵のおすすめ味噌。スタンダードな売れ筋を味わうことで、その蔵の特徴がよくわかるからです。さらに、配合や材料にこだわった限定醸造のものなど、個人的に気になった味噌も一緒に購入します。定番の味とこだわりの味、2種類の味噌を食べ比べることでその蔵の目指す味を感じることができます。味噌選びに迷ったら遠慮なく蔵の方に相談してください。造り手から直接教えてもらうことで味噌への理解が深まり、思い出深いものになると思います。

◎冷蔵庫や冷凍庫での保存がおすすめ

昔から保存食として受け継がれてきた味噌は、安全に食べられる期間がとても長い食品です。とはいえ発酵食品である味噌は生き物。商品ごとに香りや味わい、色がベストな状態で出荷されていますので、購入後はなるべく早めに使い切るように心がけると本来のおいしさをより堪能できます（私は2カ月ぐらいで使い切ることを目安にしています）。常温で保存しても腐ることはありませんが、冷蔵庫で保存すると風味や香りの変化（劣化）を緩やかにできます。すぐに使い切れなさそうなときや塩分量の少ない白味噌は、冷凍庫での保存をおすすめします。味噌は塩分を含んでいるため冷凍してもカチカチに凍らず、調理時には出してすぐに使用することができます。

味噌蔵めぐりがもっと楽しくなる！おすすめ味噌レシピ

味噌といえば「お味噌汁」をイメージする人が多いと思いますが、和食はもちろん、洋食やエスニックさらにはデザートまで、味噌の可能性は無限大！米味噌、豆味噌、麦味噌、それぞれの特性を生かしたおすすめ味噌レシピを紹介します。

レシピに記載している味噌（米味噌・豆味噌・麦味噌）で作るのがおすすめですが、それ以外の味噌を使っても構いません。ただし「豆味噌」と記載してあるレシピ以外で豆味噌を使用する場合は、表示量よりもやや少なめにしてください。

米味噌 MISO KOME

焦げない！みそ焼きおにぎり

【材料】　6個分

ごはん600g（2合分）

a
- 米味噌大さじ1
- 水大さじ1/2〜1
- 油小さじ1/2

大葉6枚

【作り方】

1.ごはんを握り(三角でも丸でも)、クッキングシートを敷いたフライパンに並べ、中火で5分ほど焼き色が付くまで焼く。

2.ボウルにaをしっかり混ぜてから1の上に塗り、味噌を塗った面を下にしたら30秒〜1分焼く。

3.大葉を巻く。

Point!

・味噌に油を混ぜることで焦げつきません。

・味噌の硬さにより水の量を調整してください。

MISO 豆味噌 MAME

いなり寿司

【材料】　2人分

油揚げ5枚

a
- だし400mL
- 豆味噌大さじ1と1/2
- 砂糖大さじ4

（ごはん）

米1合

（甘酢）

b
- 米酢大さじ1と1/2
- 砂糖大さじ1/2
- 塩小さじ1/8

【作り方】

（ごはん）

1.米を炊き、ボウルにbを混ぜて甘酢を作り、炊き上がったごはんに混ぜる。

（いなりの皮）

1.油揚げは半分に切って優しく袋状に広げ、沸騰した湯に数秒漬けて油抜きをする。

2.フライパンにaを入れ火にかけ、ゴムベラなどを使って豆味噌を溶かしたら、1を入れ弱火で15分ほどかけてゆっくり煮含ませ、汁気がなくなったら火を止めて冷ます。

3.いなりの皮にごはんを詰める。

Point!

・ごはんを詰める前に、いなりの皮を一度キッチンペーパーで押さえると、余分な汁気が取れて作業がしやすくなります。

・豆味噌を使用することでいなりの皮に色が付き、うま味が増します。

・いなりの皮は冷蔵庫で半日～1日置くとより味がなじみます。

米味噌 MISO KOME

グリーンカレー

【材料】 2人分

オリーブオイル大さじ1
ナス1本
パプリカ赤黄各1/8本
タマネギ1/4個
オリーブオイル大さじ1/2
鶏もも肉120g
酒大さじ1
バジル（飾り用）

a
- 牛乳300mL
- ニンニク1かけ
- ショウガ1かけ
- 青トウガラシ1本
- バジルの葉10枚
- 米味噌（白味噌）大さじ6

【作り方】

1. ナスとパプリカは乱切り、タマネギは1cmのくし切り、鶏肉はひと口大に切る。
2. ミキサーにaを入れ30秒ほど攪拌する。
3. 鍋にオリーブオイルを引き、ナスとパプリカに焼き色が付くように中火で2〜3分焼いて取り出す。
4. オリーブオイルを引き直し、タマネギと鶏肉を中火で2〜3分炒める。
5. 2を加えて中火で3分煮たら、3の野菜を加え、とろみが付くまで弱火で5分ほど煮る。
6. 器にごはんと一緒に盛り、バジルを飾る。

Point!
・弱火でコトコト煮ると、バジルや青トウガラシの青く若い味が和らぎ、全体がなじんでおいしく仕上がります。

麦味噌

MISO MUGI

シーフードチャウダー

【材料】　2人分

a
- タマネギ1/4個（50g）
- 厚切りベーコン50g
- シーフードミックス200g
- 酒大さじ3

水200mL

牛乳400mL

麦味噌大さじ3

パセリ適量

【作り方】

1. タマネギとベーコンは1cm角切り。鍋に湯を沸かし、凍ったままのシーフードミックスを入れ、10秒したらザルにあける。
2. 空にした鍋にaを入れて中火にかけ、アルコールが飛んだら水を加え5分煮る。
3. 水分がほぼなくなりタマネギが柔らかくなったら、牛乳を加えて麦味噌を溶かし、弱火で1分煮る。
4. 器に盛り、パセリを振る。

Point!

・熱湯に湯通し＋酒で煮ることでシーフードの臭みを取ります。

・牛乳を加えた後は煮立たせないほうがおいしくきれいに仕上がるため、2の時点で素材に火を通します。

米味噌

MISO KOME

ブリ大根

【材料】　２人分

ブリ2切れ

塩少々

大根5〜6cm（200g）

a
- 水200mL
- 砂糖大さじ1
- 酒大さじ3
- おろしショウガ小さじ1

米味噌大さじ2

貝割れ菜適量

【作り方】

1. ブリは塩を振り10分置く、大根は厚めに皮をむき4等分の輪切りにする。
2. ブリの余分な水気をペーパーで拭き取り１切れを３等分に切り、沸騰した湯を回しかける。
3. 鍋にaと大根を入れ強火にかけ、沸いたら弱火で10分煮て味噌を溶き、ブリを加えて煮汁がトロッとするまで10分ほど煮る。
4. 器に盛り、貝割れ菜を添える。

Point!

・先に大根だけ煮ることで、大根にも味が染みやすくなります。

豆味噌
MISO
MAME

鶏チャーシュー

【材料】　2人分
鶏もも肉1枚（約250g）

a
- 豆味噌小さじ2
- 砂糖小さじ1
- おろしニンニク小さじ1
- おろしショウガ小さじ1

水菜適量

【作り方】

1. ボウルにaを混ぜる。
2. 鶏肉は皮目を下にして、包丁で深さ2～3mmの切り込みを1mm幅に細かく入れながら厚みを均一にして広げ(目安：縦15cm×横30cm)、混ぜたaの1/2量を塗り、手前からロール状にし、最後にたこ糸でくるくると全体を巻いて形を整える。
3. 耐熱容器に入れ、フワッとラップをかけたら電子レンジ600Wで5分加熱する。
4. ラップ30cm×30cmを広げ、aの残り(1/2量)を中央に広げて加熱した鶏肉を載せ、しっかりと巻く。
5. 30分ほど置いて味をなじませたら食べやすい大きさに切り、ラップに残ったたれと一緒に器に盛る。

Point!
・電子レンジで作れるお手軽チャーシューです。
・加熱後はすぐに食べることができますが、30分ほど置いたほうが味がなじみ、形も落ち着いて切りやすくなります。
・たこ糸がない場合は、ラップをクシャッとひも状にして使用しても作れます（ラップで全体を巻いてしまうと加熱時に破裂して大きな音がするので、ひも状にするのがおすすめです）
・主菜はもちろん、ラーメンのトッピングやお弁当のおかずにも◎。

米味噌
MISO KOME

チリコンカン

【材料】　２人分

a
- タマネギ1/4個（50g）
- 米味噌大さじ1と1/2
- 合い挽き肉100g
- トマトホール缶200g
- トマトケチャップ大さじ1
- 中濃ソース大さじ1
- 砂糖小さじ1
- 薄力粉大さじ1/2
- おろしニンニク小さじ1

ミックスビーンズ100g

【作り方】

1.タマネギはみじん切りにする。

2.耐熱容器（タッパでOK）にaを入れ混ぜたら、ふんわりラップをして電子レンジ600Wで8分加熱する。

3.ミックスビーンズを混ぜる。

Point!
・味噌を加えることでコクが出てグッとおいしくなります。

米味噌
MISO KOME

パッタイ

【材料】　２人分

米麺140g

a
- 米味噌大さじ1
- 梅干し2個（塩分8%甘めのもの）
- 砂糖大さじ1

油大さじ1と1/2

b
- ニンニク1片
- むきエビ10尾
- 厚揚げ100g
- モヤシ1/2袋（100g）

卵2個

ニラ4本

ピーナッツ大さじ2

ライムくし切り2個

【作り方】

1. 米麺はぬるま湯に30分漬けて戻し、ざるに上げて水気を切る。ボウルにaを混ぜる。むきエビは背わたを取り、流水で洗ってペーパーで水気を取る、ニンニクは薄切り、厚揚げは1cm×3cmの短冊切り、ニラは3〜4cm幅に切る。卵は割り溶き、ピーナッツは包丁で刻む。
2. フライパンに油を引き、bを加えて中火で2分炒め、具材を端に寄せてから卵を加え、半熟状になったら全体をザッと合わせる。
3. 米麺とaを加えて混ぜたら、ニラを加えて全体を混ぜ炒める。
4. 器に盛り、ピーナッツを散らしてライムを添える。

Point!

・本場では、梅干しと干し柿を合わせたような味がする「タマリンド」というフルーツのペーストを使用します。このレシピでは、甘く味付けした味噌と梅干しで代用しています。

・麺はしっかり水気を取っておくと仕上がりがベッチャリしません。

麦味噌
MISO MUGI

バジルソース

【材料】
（作りやすい分量・4食分）
バジル20枚（15g）

a
- 麦味噌大さじ1/2
- オリーブオイル大さじ2
- おろしニンニク小さじ1/8

【作り方】
1. バジルは茎から葉を取り、みじん切りにする。
2. ボウルに1とaを入れ混ぜる。

Point!
・バジルは10枚ずつ重ねると切りやすく、上手にみじん切りをするには最初にきちんと細切りにすることがコツです。
・ミキサーやブレンダーがなくても作れるバジルソースです。
・ポークソテーなどの主菜や、バケットやパスタに合わせてもとてもおいしいです。

米味噌 MISO KOME

ミルクプリン キャラメルソース

【材料】
（作りやすい分量・グラス3個分）
（ミルクプリン）
水大さじ2
粉ゼラチン5g（個包装1袋）
a｛牛乳50mL
　砂糖大さじ1
牛乳200mL
（キャラメルソース）
b｛米味噌大さじ1
　砂糖大さじ2
　生クリーム50mL
生クリーム大さじ1

【作り方】
1. 小鍋に水を入れてから粉ゼラチンをふるい入れ、5分置く。
2. 1を弱火で加熱し、ゼラチンが溶けたらaを加え、砂糖が溶けたら火を止める。
3. 牛乳200mLを加え混ぜ、ガラス容器に流し入れたら冷蔵庫で2時間（冷凍庫で約30分）冷やし固める。
4. 洗った小鍋にbを入れ、ゴムベラでよく混ぜたら弱火で2分加熱し、火を止めてから生クリーム大さじ1を加え混ぜ、器にあけておく。
5. 固まったミルクプリンにキャラメルをかける。

Point!
・牛乳を全量温めると冷やし固めるのに時間がかかるため、2回に分けて加えています。
・キャラメルは煮詰めすぎると固くなるので「弱火」で加熱してください。目安はゴムベラで鍋底に線を書いて残るくらいです。
・火を止めてから残りの生クリームを混ぜることで、クリームの甘味が加わり味わいはまろやかに、そしてなめらかな仕上がりになります。
・キャラメルソースは、ミルクプリンにかけてから冷蔵庫で冷やしても固まりません。

おわりに

「みそ探訪家」という肩書は、17年もの歳月をかけて日本全国を測量し、日本地図を完成させた伊能忠敬に憧れていた私が、自分らしい表現を探して名づけたものです。終わりの見えないことを始めるのはどのような気持ちだったのか、できることなら直接会って聞いてみたい……。これは、ゼロからの手探りの状態で全国の味噌蔵めぐりを始めた8年前の私の素直な気持ちでした。それでも自分なりにコツコツと歩みを重ねる中で、たくさんの味噌蔵の皆さんとの出会いを経験することができました。そして、その出会いの数々は私にとってかけがえのない宝物となっています。これからも新しい出会いを求めて全国をめぐるとともに、日本各地に点在する味噌を誰にでもわかりやすく分類し、消費者が好みの味噌に出会えるように、そして造り手がPRしやすいように、情報整理をしていきたいと考えています。

振り返れば、味噌蔵めぐりを始めた当初は勢いだけで突っ走っていました。

けれど味噌造りの現場を見て、私自身の生き方や考え方に変化が出てきたように感じています。なぜなら、味噌は仕込んだ後に寝かせるのですが、一見すると「何もしていない」「置いてあるだけ」に思えるこの熟成期間に発酵が進み、独特の味わいが完成するのです。それを目の当たりにすることで、少々のんびりじっくりでもいいのだと気がつきました。これからは味噌を見習って焦らず、そして楽しみながら、味噌と向き合っていきたいと思っています。

最後になりますが、この本の制作にあたり多大なるお力添えをいただいた、東海教育研究所「かもめの本棚」編集部の村尾由紀さん、デザイナーの稲葉奏子さん、料理写真家の福岡拓さん、その他多くの方々に感謝申し上げます。そしてなによりも全国の味噌蔵の皆さんに心より御礼申し上げます。

この本を手にした方々が日本の伝統調味料である味噌の魅力を再発見し、お気に入りの味噌蔵さんとお気に入りの味噌に出会えたなら幸せです。

実践料理研究家・みそ探訪家　岩木みさき

岩木みさき（いわき・みさき）

1988年神奈川県生まれ。実践料理研究家・みそ探訪家。“生産と消費を紡ぎ、すぐに実践できる健康レシピ”をテーマに、レシピ考案・撮影、料理教室を手がけるほか、47都道府県を探訪しての取材執筆や行政案件にも多数対応。ラジオやTV等のメディアにも出演。料理教室misa-kitchen主宰。日本の伝統調味料である味噌に魅せられ、日本各地の味噌蔵100カ所以上を探訪。これまで食べた味噌は600種以上にものぼる。著書に『奇跡の発酵調味料 みその教科書』(エクスナレッジ)、『1分美肌みそ汁』(学研プラス) など。

【オフィシャルサイト】 https://www.misa-kitchen.jp/
【岩木みさきのみそ探訪記】 https://misotan.jp/

《参考文献》
『みそ文化誌』みそ健康づくり委員会 編集（全国味噌工業協同組合連合会、社団法人 中央味噌研究所）
『味噌大全』渡邊敦光 監修（東京堂出版）
『みその教科書』岩木みさき 著（エクスナレッジ）

この本は、WEBマガジン「かもめの本棚」に連載した「にっぽん味噌蔵めぐり」を加筆してまとめたものです。

にっぽん味噌蔵めぐり

2024年6月24日　第1刷発行

著　者　岩木みさき

発行者　原田邦彦

発行所　東海教育研究所
〒160-0022　東京都新宿区新宿1-9-5
新宿御苑さくらビル4F
電話 03-6380-0494　ファクス 03-6380-0499
eigyo@tokaiedu.co.jp

印刷・製本　株式会社シナノパブリッシングプレス

撮影協力　福岡 拓（料理、商品）

装丁・本文デザイン　稲葉奏子

編集協力　齋藤 晋

ISBN978-4-924523-45-6　C0077

かもめの本棚

WEB連載から
生まれた本

これまでに訪ね歩いた醤油蔵は全国400蔵以上！　醤油のセレクトショップ「職人醤油」を営む“醤油のプロ”が、これまでに出会った中から45蔵を厳選。味わい深い職人たちが手塩にかける“この1本”を紹介する。醤油の違いがわかる45のシンプルレシピ付き。

にっぽん醤油蔵めぐり

高橋万太郎 著　四六判　272 頁
定価 1,540円（税込） ISBN978-4-924523-04-3

旅先で出会った感動の味を再現する『旅の食堂ととら亭』。オーナー夫妻が追いかけ続けている世界のギョーザをめぐる旅と食のエッセイ。

世界まるごとギョーザの旅

久保えーじ 著　四六判　256 頁（カラー 33頁）
定価 1,980 円（税込） ISBN978-4-486-03902-0

赤い屋根が目印のリヤカー屋台の小さな珈琲屋さん。年代物のちゃぶ台と火鉢、そして湯気が立つ鉄瓶が、訪れる人を優しく迎えてくれる。

今日も珈琲日和

鶴巻麻由子 著　四六判　224 頁（カラー 21頁）
定価1,760円（税込） ISBN978-4-486-03795-8

フランスの田舎で見つけた心豊かな暮らしとお気に入りの村を綴るフォトエッセイ。自家製野菜を使ったレシピやインテリアも必見。

フランスの小さな村だより12カ月

木蓮 著　四六判　256頁（オールカラー）
定価 2,420円（税込） ISBN978-4-924523-40-1

1年12カ月合計60のエピソードで紹介する、南フランス流の幸せな暮らしと街歩きの楽しみ方。4世代に伝わる家庭料理のレシピも収録。

ニースっ子の南仏だより12カ月

ルモアンヌ・ステファニー 著　四六判　256頁（カラー128頁）
定価2,200円（税込） ISBN978-4-924523-38-8

WEBマガジン好評配信中！

公式サイト　かもめの本棚　検索

公式